大都會文化
METROPOLITAN CULTURE

大都會文化
METROPOLITAN CULTURE

How Little Things
Can Make a Big Difference

客人在哪裡？

決定你**業績倍增**的關鍵細節

許泰昇◎著

生意興隆不是偶然

正確經營才是必然

一本讓你舊客回門 新客上門的經營點金

前言

在商店經營的路途中，我們發覺，影響整個事業營收高低的決勝點，不再只是經營者的行銷技巧，而是更深層的、能否正確找到這家店的「最大客源」，才是經營的最終關鍵。

只要有足夠的資金與專業的技術，任何人想開一家店都很簡單，但要如何把店面經營得有聲有色，就不是一件容易的事！其原因，追根究底而言，如果消費者不知道店面的存在，或是經營者根本不知道客人在哪裡，也不懂得該如何開發更多新客源，只怕店家在店面經營的這條路上，將會走得十分崎嶇、坎坷。

解決問題的方法不只有一個，而方式也絕對不是唯一！在各行各業中，每個行業所面臨的問題點都不一樣，但大原則是不變的。

我們願意以一個好朋友的立場，站在輔助你的位置上，將多年來的店面經營理論配合實際經驗，訴諸文字，抽絲剝繭地理性做客觀討論，共同找出店面經營不佳的問題核心。也期望與讀者們一起探索出「店面最大的客源在哪裡？」以此做為商業根基，讓所有有志開店的朋友們，都能持續開拓出源源不絕的財源和好業績。

許泰昇

目錄

第一回

成本迷思

貨物成本和商品利潤，並不單單只是售出價格減掉進貨價格後而得到的利差，這麼簡單的加減計算公式。

開一家店舖，日常所需的開銷也是一筆不小的支出。不論是開業中，或是正準備開店的你，不妨拿起紙筆，計算一下開店所需的必要開支是多少。在計算過後，你會發現所謂的貨物成本、商品利潤，並不單單只是售出價格減掉進貨價格後而得到的利差，這麼簡單的加減計算公式。

付給自己薪水

如果問你「在你開店做生意之後，你自己每個月會領多少薪水？」、「若是你的另一半也與你一起在店裡面工作，你會付多少薪水給她？」有些人或許會對這個問題感到莫名其妙，認爲自己都開店當老闆了，哪還領薪水的道理。況且，「另一半在店裡面幫忙，也是理所當然！爲什麼要領薪水？」

如果換個立場來看這件事，你若是未曾開店，相信你手邊的這份薪水，也是從老闆的手中，經由你的付出所獲得的！同理，你的另一半也沒有那個義務，理所當然的免費爲你做事。而且，她大可將與你同在店裡面工作的時間，挪到別家公司上班來賺取薪水。相信！在別家公司上班，老闆不會也認爲這一切都是理所當然，而不給薪俸吧。你再不付她薪水，未免也說不過去了！

由此看來，自己與一起工作的家人的薪資，也必須計算在經營成本之中，付出每個月該發的薪水，這個觀念你應該可以接受！

另外，想看看，如果你所選定的營業地點和房子是向別人所承租，那麼，每個月的房租費用是多少？租房子時所繳納的保證金，若把它放在銀行定存生利息，每個月又可以領回多少？這筆減少的利息收入，無形中也變成了你的額外開支。若是你很幸運的能在自己所擁有的店面做生意，那麼，是不是就可以減少了房租的支出？

感覺上似乎是如此，但是，以另一個角度去思考這個問題時，我們將發現，如果你不使用這家店面，而是將它出租出去的話，每個月不是還有這筆房租的固定收入？所以！儘管是自有房屋，房租的費用也應計算在經營成本之中。

「老闆」的吸引力

老闆、老闆，這是一個何其誘惑、何其動人的稱呼，有多少人爲其折腰，迷惑在這個崇高的名詞中，而失去了自己是否有能力成爲一位老闆的正確判斷。比爾蓋茲曾爲老闆這個名詞下過的一個注解，他說「老闆是沒有工作任期保障的。」你的年所得多寡，商店做得是否出色，都來自於消費者對你有著多少的肯定與賞識。比爾蓋茲還說：「想要像別人有著飽飽的口袋，要先學習他的腦袋，財富是不會從天而降的。」

曾有人戲謔地說，天底下最困難的兩件事，第一：把自己腦袋裡面的東西裝進另一個人的腦袋；第二：把別人口袋裡的東西，裝進自己的口袋。

眞的又何嘗不是如此呢！不論投資金額的多寡，做生意沒有穩賺不賠的道理，將金錢投入在商場上，其風險性、絕對要比將那筆錢，安安穩穩的放在銀行裡生利息還要來得高。

每個剛創業的人都經不起任何血本無歸的危險因子存在！今天，我們先不就風險性做討論，僅簡單的計算，若將那筆投入商場的金錢，全數的放在銀行裡做定存，雖說利息不多，也有可能面對臨通貨膨脹的潛在因素，但至少以最壞的情況打算，這筆存放在銀行的錢，總不至於變成零。而這筆投資金額的利息所得，也應是歸於成本當中。

每三個月，稅務機關就會寄一次營業稅的繳納通知單給你，如果你每個月的營業額不超過十五萬元，稅捐機關會以核定的課稅額，課一定的稅金。（以你所經營的行業、及所處地段的不同，所課的稅額將因此而有所差異！）若是你的營業額大於十五萬元，或是你認為稅捐稽徵處核定你所需繳納的金額過高，想依據店裡實際營業額多寡來繳納營業稅時，那麼你也可以選擇申請使用開立統一發票的方式來報稅。此時，你又將增加另一筆開支了，除非你本身對於稅務機關的作業流程十分熟悉，也對於記帳內容能通過稅捐單位的審核有能力、有信心。否則，每個月再請個專業的會計師爲你記帳，也需要幾千元的開銷。

善待生財器具

店裡的生財器具也有一定的使用壽命，當器具發生故障時，該維修，或是考慮再添購新器具，兩者都是需要花錢！生財器具的定義十分廣闊，舉凡為因應顧客需求而購買的物品，如製造加工所需的工具機械、燈泡照明、員工薪資、裝潢擺飾品、投保火險水災險費用、安裝保全防盜系統、餐飲業中供顧客使用的碗盤杯組桌椅、展示架陳列櫃、水費、電費、瓦斯費、電話費、廣告費用，小至文具費用、清潔用品、郵票信封、寬頻網路費用等等，都算是生財器具。

畢竟，這些雜項支出，是你若未開店，就不需要付出的金錢！是以，任何一項生財器具的支出也都應歸屬在營業成本之中。

裝潢費用的預算，也是一筆十分可觀的支出！一家店面為了要讓顧客常有新穎、新潮的感覺，除了在過年過節時，爲應景而佈置的費用之外，平時的裝飾費用，也應計算在內。通常，長時間都不變動的擺設格局，會使得常來店裡面消費的顧客感覺這家商店的落伍與老舊。一些店面經常是三年一次小整修，十年一次大裝潢，而這些裝潢的費用，則需在平時由盈餘之中，定額的提撥出來，以備下次裝潢使用。

通常所買進的貨品，不見得每一項都能夠十分順利的售出，而那些賣不出去的商品怎麼辦呢？有些廠商可以提供店家在一定期間內退換貨的。但是，幾乎絕大部份的商品，店家所屯積的滯銷商品，則要全部由店家自行吸收。滯銷品太多，不僅妨礙了店家資金的流通性，也是造成商店的營業額落後別家店的一個主要因素，滯銷商品也是商店經營中的成本之一。

為店面保險

我們都聽過水火無情這句話，也都知道火災的可怕！但很多店家往往忽略了將店裡面的商品投保火災產物險的重要性，若是一旦發生火災時，其多年來的辛勞與付出，也將付之一炬。有些釀成重大傷害事故的火警，除了自身財產損失之外，若波及到鄰居，還得吃上妨害公共安全的官司。沒有人願意遇上這種事情，然而，與其事後懊悔，不如未雨綢繆，事先找一家信譽可靠的產物保險公司保個火險。

產物險的保費並不多，火險理賠是依據你當時投保商品所填寫的商品價值，在災後，保險公司將依你所投保的標的物設法恢復原狀，若無法恢復原狀，則以標的物之價格進行理賠！

順便提醒一下讀者，若真的不幸遇到了這種事，保持現場的完整性是十分重要的，現場若是破壞了，對於將來向保險公司要求進行出險理賠程序時，將會引發一些不必要的麻煩與糾紛。

竊賊的侵入亦足以使得店內的商品在一夕之間全部化爲烏有。在一些稍具規模的店裡，或是所販售商品屬於高單價的貨品時，我們都不難發現錄影監視器的存在。店家裝設錄影監視設備的出發點，並不是要把來店消費的消費者都當成賊一般的加以監控，或是嚴密監視消費者的一舉一動，而是防患未然，預防店裡在遭遇到蓄意滋事搶奪的歹徒時，能藉由店裡所裝設的錄影系統，提供警方一個偵辦此案的有利線索。

打烊時，在一些住商分離的商店中，店裡面空無一人，所有的商品若只是依賴幾副門鎖保護就想睡得高枕無憂？恐怕你自己也會睡得不安穩吧！所幸，現在除了警察局能夠安裝警民連線的熱線之外，民間亦有許多的保全公司可提供我們財產上的保障，一旦竊賊入侵時，能將我們的損失減至最低。安裝保全的費用，甚至於在保險公司投保個竊盜險，在營業成本的運算中，是不可忽略的一筆開支。

愼選地點

當你已經初步選定了開店的地點之後，有人習慣性會先請風水師幫忙看宅第是否與自己的八字相符？在這裡做生意是否會賺大錢？居住此地是否能夠平安順遂？這裡姑且不論風水師的專業，個人倒是認爲看風水地理，應該看這地區的地勢是否爲窪地，若是屬於低窪地區，那麼下水道的排水系統是否建設妥善呢？排水是否順暢不會阻塞？最重要的是，遇上颱風豪雨不斷時，這地區會不會有淹水之慮。這個問題，問一下住在附近的居民，往往就能輕易的找到正確的答案。

沒被水淹過的民眾大概不知道大水的可怕。一次的水災足以搞得人筋疲力竭，災後的重建工作尤其更讓人倍感辛酸。若是在租屋前能對當地整個商圈週邊的地理環境有了充分的瞭解，這種無謂的損失就可避免了。

做任何事情都要三思而後行，謀定而後動，更何況是要開創一個屬於自己，期盼能永續經營的事業。這麼慎重的一件大事，又怎能在輕率的決定下、就倉促決定呢！

留心意外開支

有些客戶的付款方式，是以月結方式開支票與你，開店的經營者，必須承擔票期到時候跳票的風險，對於攸關成本風險的變化，應時時隨機應變、提高警覺心。

此外，還有很多事情是在你開店之前並不知道，或是未曾預料到的開支會忽然間地冒了出來，也因爲沒有開店的經驗，所以你並未將之考慮進去，等到開銷接踵而來的時候，方知未來是一個永無休止的大黑洞。你是否又有足夠的資金爲後盾，以應付這不時之需？開店創業追求成功夢想，不是靠運氣，也不是一賭注。在這裡與各位讀者分享一個創業的小故事！

有個朋友曾經在廠商的遊說下，頂下了一家小型KTV，在開店之前，一切的預算也都在他有能力支付的範圍內一一的完成，滿懷的抱負與熱忱，他辭去了公司的工作，與太太全心全力的投入了這一片屬於他們的新天地之中！然而，就在開幕不到一個月的時間裡，他接到了數家傳播公司寄給他的存證信函，內容訴說：因爲他們店裡面供客人唱歌所播放的帶子，其版權歸屬於某家傳播公司，傳播公司希望他能與公司簽下使用權的契約書，否則就算是侵權的行爲。

據他告訴我，合約期間爲一年一簽，每年都要付給數家傳播公司一筆相當龐大的費用，而這筆幾乎佔了將近他每年營業額一半的費用，卻是在開業之前從來沒有人跟他提起的必要支出。

這筆突如其來的費用，壓得他們夫妻喘不過氣來，他也只能怪自己涉世未深，在未深入了解這整個行業之下，不知道這後續還有這麼多必須付出的費用，當初只憑藉著一股衝動及懷抱著美麗的夢想，一頭就栽了進來。雖然在這件事情上他得到了人生寶貴的經驗，但相對的，他這個經驗所付出的代價是何其的大呀！

第二回

創意無限

消費者不僅不再那麼容易受到廣告內容所誘惑，也不再輕易地讓銷售員三言兩語的就左右了他們購買的意願。

在這個資訊快速發展的年代裡，人們的購物習慣若跟早期的消費市場做比較，已經有了截然不同的變化！在從前的社會裡，資訊未如現在如此普及，顧客對於商品的知識，大多來自於店家的描述，對於價格的取決，頂多也就只能在局限地區的店家裡做比較。

火熱的網購潮

在現代社會，網際網路已深入了每一個家庭，而且一天二十四小時全年無休。每一個人對於商品知識的取得，只要上網一查，絕大部份都能夠立即快速獲得相關的資料。對於某些不很用心經營的店家而言，消費者所懂的專業知識，甚至於會比開店的店家所知還多。消費族群不僅對於商品本身的特性，有著一定程度的了解，對於商品販售的價格，也在做了一番的比較後，而有了最低售價的基本概念。店家以往那種漫天開價，再大打折扣的行銷手法，已經滯礙難行了。

身處在這資訊爆炸，訊息傳遞一日千里的時代，消費者在購買一項商品時會經過一次又一次的比較，比較販賣價格、品質、贈品、售後服務和年限，使得店家原有的利潤空間壓縮到最低。然而，若是你懂得運用網際網路無遠弗屆的特色，使用它來創造出優勢，勾勒出商店無限可能，這對於店家的營業額將會有很大的助益。

如果你正打算開店，或是已經開店的朋友，將店面與網路拍賣觀念做一個完美的結合，將會使得你更快速的達到所訂定的營業目標。很多消費者已經習慣在購物前，先上網到相關拍賣網站做一番瀏覽。在我們所架設的網站當中，若是提供了正確且詳實的資訊供消費者查詢，對於店家在消費者心目中的提升，加強與消費者互動關係的建立，是有很大助力的。

網頁的設計之初，應以消費者的立場來設計這一個商店，乃至個人所屬的專業的網站。

消費者上網的需要，無非只是希望能夠在這裡，快速的找尋到他所需要的資訊，過於繁瑣複雜的操作程序，顯然並不適合一般人的要求。愈是簡單容易使用的網站，也愈能吸引消費者在此駐足！

消費者要的是一個人性化、且能夠滿足他需求的網站，而不想去瞭解網站設計中的其餘高深學問。如同我們只要懂得學會如何開車，並不想瞭解深奧的汽車機械原理一樣。網路行銷，它是一個絕佳做自我推銷的一個地方，它所帶來的營業範圍可是比區域性的宣傳單，還要來得寬廣。

網購的風險

很多上網購物的民眾，最擔心的就是付了款，卻拿不到東西，再者就是擔心所購買商品，一旦發現有瑕疵時該怎麼辦？該如何尋求自保？或擔心這東西日後的維修工作不知道要找誰處理！

當消費者發現了拍賣者，有店面可以當購物後的依靠時，消費者在這方面的疑慮及擔憂也將隨之安心不少，在他們的意識中將認爲，至少在我購物之後，若是商品有問題，我還是能夠找得到你的，從而增加了消費者購買的意願。

科技始終無法取代人性，科技也都將順應人性的需要而產生！任何工具都是死的，唯有充滿睿智的使用者才懂得如何活用它！透過電子郵件和留言板與消費者溝通，以積極的態度，盡可能在消費者提出問題的第一時間內，解決消費者所提出的問題。當消費者感受到你對他的重視，你也會得到消費者口耳相傳的口碑，若是你對於消費者所提出的問題不當一回事，所得到的回報也很簡單，就是消費者也不把你當一回事。

如何在脆弱的網路主顧關係中，使消費者對你建立起無比的信心，所依賴的就是誠信和網主積極的態度。這種將網路拍賣的無店面生意，與面對面店鋪經營模式相互做一個結合，對於店鋪本身的營業成本，並不會增加太多，但卻能在既有空間中，創造出另一個商業生機，很值得讀者好好的評估一番。

創意已死？

每一位經營者對於市場上商品販賣價格的競爭，已經由趨於白熱化演變成近身割喉戰，相信大家應該都能感同身受，也深受其困擾吧！昔日店家那種日進斗金、財源滾滾而來的繁榮景象，似乎隨著歲月漸漸的流逝，也已不復存在當年的輝煌業績。取而代之的是愈來愈激烈的商業競爭，每一家店面都使盡了渾身解數，無所不用其極的卯足全力拉攏顧客上門。消費者可以選擇的店家多了，也變得比以前更聰明、更會精打細算。

一些單純的促銷手法，如打折集點送贈品、換季特賣週年慶、買一送一再抽獎，任憑你絞盡腦汁想盡各項行銷方式，甚至於也將自身的利潤降到最低做流血大放送了，卻依舊無法讓那些口味愈來愈重的消費者受青睞。一些在以前原本還有不錯效果的行銷手法，時過境遷地在今天而言，也漸漸失去了它原有的效果，今日的新創意，明天已經成爲歷史名詞。

消費者不僅不再那麼容易受到廣告內容所誘惑，也不再輕易地讓銷售員三言兩語的就左右了他們購買的意願。消費者甚至會在購物之前貨比十幾家，再做最後的選擇！

身在這個科技與交通都如此便利的時代，想要取得某項商品的資訊，實在是輕而易舉，如探囊取物般容易的一件事。上街、上網、上百貨公司，都是十分簡單且快速。消費者購物時在比較：比哪一家的售價便宜、比哪一家的服務優異、比哪一家的贈品較多、也比看看哪一家的店員較帥。

或許有些店家會覺得，最近的生意眞是愈來愈難經營了，你店裡有的商品、別家店也有，你對顧客的態度很親切，但是別家店對待顧客的態度也不差。你覺得你賣的價格已經很便宜了，別家卻有可能賣得比你更便宜，你預估的商品合理利潤是一百元，別家賺三十元就賣了。

你給消費者依照廠商所提供的售後服務期是三個月，別家店卻給予消費者六個月的售服期。一個新且不錯的行銷方法一推出，馬上又得面臨了別家店的模仿抄襲，使得原本寄望能在業界中脫穎而出的廣告招式，又得面對一大堆仿冒者的競爭。

平心而論，每一家賣同類型商店的店，彼此間都有著太多的共同點。從相同的公司批購相同的商品，在相同的地段標售著相同的價格也都提供相同的服務。很多的零售業者，其本身商品的販賣過程，並不需要擁有太高深的專業知識，也不需要有獨特的技術方能完成工作，整個業績的高低，似乎全憑運氣與消費者來決定。

似乎，自己把該做的努力都做了之後，其他的，就全交給上天去安排了！選擇了做生意這一條路，所面對的未來眞的有這麼聽天由命這麼無可奈何？眞的就這麼一籌莫展無計可施了嗎？

樹立風格

零售業不似製造業，店裡面的商品絕對不可能擁有別家店所沒有的獨有商品，零售商的單店，也不可能囊括商圈中的所有生意。

我們追求的目標是讓單店能夠在穩定中求發展，從建立最基本的顧客群開始，慢慢的，一點一滴累積下我們成長的實力，與消費者給予的信任與口碑。

在商場上，什麼都可以模仿，唯獨你所建立的商譽沒辦法模仿；什麼都可以複製，唯有你所建立的形象，別人無法複製。想要在競爭如此激烈的環境中有著出類拔粹的表現，是很容易的一件事。

建立異於同業的獨創風格特色，是在競爭激烈的商場中的首要任務。每一個人都有其獨有的人格特質，每一家商店也都應該創造屬於自己的獨特風格。勇敢的做自己、把這家店的特色表現出來，當消費者因此而欣賞你、認同你之後，他們就會是你忠實的顧客。

讀者或許不難發現，在許許多多風景區旁賣著當地名產的商店，所擺設的商品都千篇一律，每一家的外觀都一樣，就連貨品的陳列方式，也都一成不變一家接著一家，遊客根本分辨不出每一家的商品有什麼不同！在這家店買東西，似乎跟在隔壁家買，也沒有什麼差別，從外觀來看，每一家店根本就沒什麼不一樣的地方，生意的好壞、消費者願不願意上門，就只能全靠運氣了。

此時，若有一家稍具特色的商店，自成一格地開在其中，自然而然就極為容易形成一種萬綠叢中一點紅的效果，這是利用旁邊的同質性，來產生突顯本體獨特性的一種視覺效果。如此一來，店家不僅不用大肆做宣傳廣告，也能夠很簡單的吸引消費者的眼光。

每個人對於新奇、異於平常的事務，總是會因為好奇而較感興趣。或許，這家商店裡面所陳列的商品，跟隔壁家也沒什麼不一樣，然而外觀的不同裝潢，就足以讓這家店與隔壁商店做出一種截然不同的區隔。有了明顯的區隔之後，自然就能發揮出這家商店獨有的特性。

這種獨特的區隔，不只對現有的生意有幫助，在招攬顧客再度上門的後續營運方面，也因爲從外觀很容易讓消費者分辨出這家商店與其他商店的不同，對於願意幫我們介紹客人來店的消費者而言，也有很大的幫助與方便性，因爲我們有著跟別家店不一樣的外觀。這是所謂的建立商店的獨特性！

再將商圈擴大一點而言，建立商店獨有的特色也是必要的。在傳統的行銷觀念裡，每一家商店的促銷方式簡直都是如出一轍的大同小異，所推出的廣告內容你抄襲我、我模仿你，不是舊瓶裝新酒了無新意，就是換湯不換藥，再改個廣告名詞，這不僅提不起購買慾望，恐怕連店家自己在發廣告之前，就已經不看好這次活動的效果了。

然而，別家店在做促銷，自己店門口如果不也跟著掛一些廣告布條的話，便感覺死氣沈沈，相形失色許多！於是，一些連自己也莫名其妙的促銷廣告用詞，就這麼的給推了出來。

其實，欲建立商店獨有的特色，靠的只是一個觀念，一個行銷的新觀念！只要你的腦筋動得夠快夠靈活，往往並不需要讓店裡做太大的改變，也不需要花費太多的金錢，就能事半功倍收到預期中的效果。

活用創意

商場可以說是一個大型的實驗室，每一個有遠見肯創新突破現狀的業者，都在既有的資源中尋求新的組合，就如同誰規定喝豆漿時，一定只能配燒餅油條？喝咖啡時，一定要點鬆餅蛋糕？吃肉粽一定要配味噌湯嗎？吃肉粽時要配玉米濃湯可不可以？

走在經營尖端的業者，就可以很自豪的對來店的顧客說：我家開的豆漿店偏偏就也供應乳酪蛋糕！咖啡專賣店裡，若是消費者希望在喝咖啡時，想點個燒餅油條來試看看，這家創造新潮流的店裡，也能充分滿足消費者的需求，而這裡所擁有的，便是消費者到別家就吃不到的創新組合。

這種新的行銷觀念，也就是突破傳統思想的藩籬，勇於創造新商品的組合方式。我們的思考邏輯，似乎都已經被傳統觀念所束縛，總認為一切依循舊例、循規蹈矩的做就沒錯，縱然，蕭規曹隨是沒錯，但是，要做生意腦筋就要動的靈活、動得比別人快。走別人沒走過的路，做別人沒做過的行銷，才可能賺到別人還沒賺到的錢。

這個構想並不是高談闊論打高空不切實際的理論！而是一個確實可行的方式，細心觀察消費市場脈動的讀者不難發現，在這個不景氣的消費環境中，已經有一些業者正悄悄的開始積極嘗試這種求新求變的新觀念了，將舊有商品付予了新生命。

如同所有的文章、都是一種文字的組合與排列，能夠排列出撼動讀者心靈的書，就是一本好書！商業經營也是一樣，一個新的創意，在經過你重新排列組合之後，如果能夠讓消費者接受，這也就是你創造輝煌業績的開始。

創意實例

在傳統市售的火鍋湯裡，用的是大骨頭加上一些時令蔬菜下去熬煮而成的高湯。如今，就有業者改變這種傳統的烹調做法，他們用的是牛奶！將鮮奶做爲火鍋的湯底，顚覆了以往湯底都要用大骨頭熬湯精燉的觀念。

這種將火鍋與鮮奶相互結合的搭配，吃起來的感覺既不油膩也更爲順口。新組合一推出就頗能抓住消費者的胃口。自然而然，在眾多涮涮鍋業者之中，唯獨這家店高朋滿座，門外經常有大排長龍、等著想嘗鮮的消費者。當然，這家店之所以能創造出高數倍的業績，其獨特的創意，也不足爲奇了。

結盟創造大利多

曾經，我輔導了一家婚紗攝影公司，將其與婚友聯誼社做了一個結合！環顧市場，似乎所有婚紗業者做廣告宣傳時，所強調的都只是在價錢上做文章，不是說結婚包套幾張再送幾張照片，就是希望即將結婚的朋友，能夠先預約，店家會給予適度的優惠等等

然而，很多商業的經營者，似乎都忘了開發基礎客源，也忘了與其他行業相結合的重要性。在這個個案中，我建議他們以公司店名成立一個婚友聯誼社，用經營企業的心力，認真的經營這個婚友社，讓達到適婚年齡有心想要結婚的青年朋友，能以低廉的入會價格，甚至是完全免費的方式，鼓勵他們加入這個婚友社團。

在一連串經由公司舉辦的活動中，男女雙方因相互認識、瞭解而步入禮堂。來參加婚禮的男女雙方來賓，也會對於新人認識的過程感到好奇，進而詢問他們是怎麼認識的。在得知這對新人的相識過程是經由婚紗攝影公司介紹才

得以促成好姻緣時，口耳相傳地也替公司做了相當大的活廣告！

辦聯誼活動所需的花費並不多，且遠遠低於他們平時在傳播媒體上的花費，但後續所得到的回報效益卻是十分驚人的。這家婚紗公司不僅輕輕鬆鬆的賺到錢，也輕輕鬆鬆的賺到了消費者的好口碑。

經公司介紹而共同攜手邁入結婚禮堂的夫妻，我們不難想像他們結婚時所拍的婚紗照，會選擇在哪一家婚紗攝影公司拍攝！只要這家婚紗公司所提出的價格合理，所提供的服務品質也能讓他們感到滿意的話，沒理由不找這家促成他們這段金玉良緣，而且與工作人員都十分熟稔的婚紗公司拍照。

人們的另一個共同特色、是對於陌生環境中的人、事、物，都存在著或多或少的緊張與警戒，除非不得已，沒有人會想要離開熟悉的環境，到另一個陌生的環境裡。另外，也因爲一對對的夫妻，從陌生到認識、從認識到互許終身，這中間的一道道橋樑，全是由公司裡面的員工所搭起，以致於每一對新人，與工作人員相處得很融洽。

在拍攝結婚照時，新人與攝影師之間絲毫沒有距離感產生，所以拍攝出來的照片，每一張都活潑生動，沒有生澀感，這不僅是攝影師極爲滿意自己的作品，連每一位看過照片的人，也都不由自主的豎起大拇指，爲一張張流露出自然表情的照片喝采。

顛覆印象，創造市場

相信很多人都吃過披薩，也都喝過點披薩時隨餐附贈的可樂！那麼，你有沒有想過：爲什麼吃披薩時，一定要喝可樂呢？換個角度來思考，吃披薩時的飲料可不可以不喝可樂，想要換烏龍茶可不可以？

只是很抱歉，全省每一家連鎖披薩店，他們隨餐附送的飲料，千篇一律只有可樂一種，消費者沒得考慮，只能默默接受。然而，眞的每一位消費者吃披薩時，都只愛喝可樂？就不能有別的飲料可以選擇嗎？事實倒也不盡然如此！

在一次的企劃案中，我請某家知名的烏龍茶生產公司，嘗試將經營的觸角，伸入擁有龐大商機的披薩、炸雞　等西式餐飲業中。在這片尚未有人開發的處女地裡，若是能讓原本喝可樂的消費族群，在選擇飲料時，轉而改爲點選烏龍茶，進而喜歡上烏龍茶的口味，讓隨餐附贈的飲料不再是傳統的可樂，而是又多了一項新產品供消費者選擇的話，消費者若是能夠接受這種新的組合，則其潛在的商機是無限的。

吃過披薩或炸雞的消費者都知道，當你吃完了那些油炸的食物後，眞正能去除口中油膩感覺的飲料，並不是一些含有碳酸成份的可樂或汽水，而是眞正清爽可口的烏龍茶。

對於披薩店及炸雞業者而言，願意提供消費者多一項的選擇，在他們的成本來說是完全一樣的，也不會因此讓本身的成本提高、利潤減低。相反的，因為多了一項新選擇，消費者也會感覺這是一家很貼心的商店，而寧願到這家店點餐。

對於烏龍茶業者、披薩炸雞業者和消費者三方面而言，無疑創造了一個三贏的局面。

此後消費者點餐時所面對的飲料，將不再只是毫無選擇的可樂，而是多了一種眞正可以讓消費者去除油膩、恢復清爽的烏龍茶時，相信，多數的消費者會選擇烏龍茶來當做是附餐的飲料。

拋開包袱，營利自然來

另有一家獨特風格的餐飲店，不只讓原本已經瀕臨危機的經營再度起死回生，其成功的創意行銷手法也很值得提出來，與所有的讀者一起分享他們成功的經驗。

這家餐廳的由來，起因於老闆本身就是一位製作陶瓷器的專家，在他太太開的這家餐廳裡，每一個盛裝食物的器皿，全部都經由夫妻倆親手精心捏造出來，連杯子也都擁有絕無僅有的造型。

雖然這家店展現出的格調與氣氛有其吸引消費者上門的特性，但是卻還沒有達到創造獨特風格的絕對性！別家店只要用心一點，甚至可仿造出比這家餐飲店更純樸、更自然、更粗獷，也更復古的風貌。只可以說，這家商店也只不過是具備了足以和同業相互競爭的雛型而已。

由於這位老闆對於陶瓷藝品的製造頗有心得，於是在這裡用餐的消費者，在累積到一定的消費金額時，老闆會送他們一些未經素燒的素胚，並免費提供顏料供客人在瓶身上面做彩繪、上釉燒製，再將這獨一無二的個人作品，送給消費者當一個回饋的禮物。如此異於同業的構想，才是商業行銷的一個賣點。

同類型的各行各業固然可藉由裝潢的獨特性，創造出異於同業的風格，但並不是每一家商店所能發揮的特質都一樣，善於利用本身優於其他同業的特點，找出自己能發揮之所長，將之充分的展現出來，使其成爲你的特色，也就能讓你這家商店比別人多了一項足以吸引消費者上門的誘因。誘因愈多，愈是能夠讓消費者考慮來這家店消費！

除此之外，老闆還找到了另一個賺外快的機會，可說是把垃圾變黃金的典範！陶瓷器在上釉燒製過程中，常因各種外在因素，導致燒窯之後的產品，表面出現龜裂的瑕疵品。如溫度過高、燒製時間過久，釉料上的厚度太厚太薄不均勻，產生坏體受熱不均，膨脹係數的不同、耐酸性差。這些微小的變化，甚至可能產生坏體落釉的現象。

以往，這位老闆總是將這些有破損龜裂的瑕疵品，丟棄在垃圾桶裡。有一次，老闆與他太太欲將那些磁盤挪移到高處時，一個不小心讓它摔落到了地上，輕薄的瓷盤怎經得起這重重的一摔，砰的一聲，心也跟著四分五裂！

老闆望著那碎裂的殘屑，忽然間靈機一動、想到了這些瑕疵品的出路。他在店裡另闢一個小隔間，只要顧客心情不佳需要摔東西洩洩怒氣，爲那壓抑的情緒找一個出口時，這裡隨時供應那些有瑕疵的瓷杯瓷盤，任由消費者要怎麼摔就怎麼摔。

人們找尋發洩情緒的管道，每個人幾乎都不太相同，心情不好之時，有人茶不思飯不想，一言不發、不吃不喝過日子，有的人則是大吃大喝的瘋狂購物、吃下比平時多了好幾倍份量的食物，藉此發洩。有的人靜悄悄的喜歡獨居，不想有任何外界干擾的聲音，有些人則是想把周遭的東西砸爛才能平息滿腔的怒火。

想要藉由摔東西這種方式，舒發心理壓力的消費者並不在少數，他們在自己家裡，或許捨不得盡情的摔東西、丟碗盤，去別家商店時也不能夠隨意拿起杯子，就往牆壁扔過去。唯獨在這裡，老闆提供他這麼一個獨特的發洩方式！演變至今，這也已經成爲這家商店的另一個特色了。

先給好處，後收利潤

在一次座談會上，一位錄影帶出租業者與我探討了這個問題，他表示，店家應該做的事情，他都已經做了，應該注意及加強的事項，也都時時警惕自己。而且商圈附近的消費者，也都知道影帶出租店的存在。爲什麼店裡面的生意依舊只是平平順順的，未能再創造出更好的業績。

我贊同他爲商店所做的努力與付出。當大家都在進步的同時，要是這家店不能跟隨著時代的潮流做改進時，會是第一個被消費者所淘汰！當然，也因爲他的敬業精神，店裡面的生意，還能夠維持在一定的水準，足以支付店裡的一切開銷，而不至被洪流所吞噬。

開店做生意，絕不是店門一開顧客自然就會來！而是在消費者知道你的存在之後，多方面的創造讓消費者上門的機會，以積極的心去擴大事業版圖。

我引導他開始思考，什麼人會看ＤＶＤ？要觀賞ＤＶＤ時需要什麼輔助機器？那種播放ＤＶＤ的機器要在哪裡購買？購買了機器之後消費者接下來的動作會是什麼？

很多商業問題，都需要靠經營者自己去發掘問題，進而去尋找答案。行銷專家或是商業經營書籍，也只能站在一個輔導者的立場，以旁敲側擊的方式，誘發出你本身的潛在能力，抽絲剝繭的一步一步找出自己根本問題所在。從而，才能夠徹底的探究出問題的核心。

我們不妨就此議題來做個探討。什麼人會看ＤＶＤ？原則上幾乎所有的人都會看ＤＶＤ！要觀賞ＤＶＤ時需要什麼機器？看ＤＶＤ時當然需要一台ＤＶＤ放映機！那種撥放機器要在哪裡購買？放映機除了在大賣場可供消費者選擇外，電器行也有很多樣化的商品。購買了那機器之後消費者接下來的動作會是什麼？

如果讀者你買了一台ＤＶＤ放映機之後，你認為自己的下一個動作會是什麼？消費者的購物心態並不複雜，要了解消費者的頭腦到底在想些什麼，就從你自己了解起。絕大部份的時候你也是一位消費者，人同此心、心同此理，消費者的想法跟你我都一樣的。

此時，相信大多數的人都會急著想去ＤＶＤ出租店，租幾片好看的片子，回家好好享受ＤＶＤ放映機和影片所帶來的樂趣！在這麼多的ＤＶＤ出租店裡，你又會選擇到哪一家出租店來租片子呢？

問題的重點似乎已經漸漸浮現出來了，在這麼多家的錄影帶出租店裡，消費者到底會到哪一家店租片子呢？這家有的片子別家也有，這裡的租金三片一百二十元，別家也是收費一百二十元；這邊的店員對顧客的態度很好，別家店的職員對消費者也很親切。在同一個社區裡，到這家店跟到那家店的距離也都一樣，並沒有任何一家影帶出租店因爲佔有地利之便而能夠拉攏大部分的客源。

每一家店似乎都在站同一個出發點上，擁有相同的資源做著相同的競爭，一切的決定，似乎只能交給消費者與老天爺做最後的仲裁。

做生意眞的只能盡人事聽天由命嗎？或許是吧！但我的想法可不這麼消極這麼悲觀。所謂盡人事，是你已經盡了你所有的力量，用了各種你想的到的方式，動用了你能運用的最大資源，對所有事情做了最大的努力，向每一個對你有幫助的人請益之後，事情依舊沒有轉圜的餘地，方謂盡人事！

然而，據我所瞭解，一些黯然接受失敗的業者，其實都沒有眞的已經盡人事，只甘於聽天命！

言歸正傳，我引導了他的思考方向，希望他將最後那個問題，做一個更深入的探討，並將之再繼續延伸下去。當我們知道消費者在購買了DVD放映機之後，必定會去某一家錄影帶出租店租片子。顯而易見的，整個商機的關鍵點就在這裡。當消費者購買放映機時，廠商並不供給顧客DVD片子，而是需消費者自己出去租片。

此時，若是消費者在購買了DVD放映機之際，這家錄影帶出租店，願意提供免費的DVD出租兌換券贈送給已經購買放映機的客人，在消費者持著兌換券到店裡時，只要填寫一個客戶基本資料，就可獲得免費觀賞十片DVD的福利。

任何一位消費者拿到這十張免費觀賞券時，一定會回到這家錄影帶出租店，免費兌換幾部片子。

人們的行爲模式都有一定的慣性，不只日常生活如此，購物也有一定的習慣，當消費者已經習慣了走一定的路線到某一間商店購買東西時，除非發生了劇烈到足以改變消費者購物習性的事情，否則習慣一旦養成，是很難輕易改變的。

這個行銷策略，在錄影帶出租業者、賣ＤＶＤ放映機的業者和與消費者之間，形成一個行銷組合的完美三角型，創造出漂亮的三贏局面。

這家錄影帶出租業者，領先業界其他家商店，藉由免費贈送十片觀賞ＤＶＤ的行銷方式，順利拉到每一位剛購買放映機的消費者。捷足先登地確實掌握了消費族群。業者釋出善意的誘因，讓消費者不只知道商圈有這家商店的存在，還多了一項讓消費者來這家店的動力。巧妙的，化被動爲主動的積極爭取消費者來店的機會。

賣ＤＶＤ放映機之業者，也十分願意接受業者所提供的免費兌換券。在他們而言，不僅不會增加任何的營業成本。反而多了一項向消費者推銷商品時的有利因素，增加顧客購買的意願，滿足消費者即時的需求。

購物的消費者當然更樂於接受這免費且額外的贈品，他們不需要再多付出任何代價的情形下，擁有了可立即觀看影片的機會，自然而然的會持這兌換券，前往影帶出租店享受福利。

創意往往就在你我身邊，用心去注意、用心去體會，你將會體會到，能夠吸引消費者青睞的事，還很多等著你去發掘、實現。

以多數消費者求新求變的心態來說，哪一家店有著新穎又獨特的組合，就能吸引消費者願意前往一窺究竟。能掌握時代消費者購物心態動向的經營者，也就能掌握消費者的荷包。最高策略的行銷方式在於不用花大錢就能賺大錢，不用降低自己的利潤也能獲取高額的利潤。以犧牲自己應得利益，來達到促銷的目的，則是最下下策的行銷！

當你的新構想還沒實際行動之前，不要先退縮、也不要畏懼！只要是無損壞商店形象的任何一個方法，店家都應該勇敢的去嘗試，徹底的去實驗你能想到任何一個新的行銷觀念。任何一個新觀念都可能是商店的另一個轉機，試了，就有一半成功的機會，不試的話，連成功的機會都沒有。

做了之後，就算效果不如預期中理想，也不用太苛責自己。畢竟我們曾經努力過，總比什麼都不做的，任由商店自生自滅還好吧！只要記取教訓，讓下一次的新構思中，不再重複上次所犯的錯誤，在經驗中累積自己的能力，也會逐漸的累積出固定的客源。當消費者的感覺對了，商店想要賺錢，自然就變得是一件輕而易舉的事了！

第三回

開拓客源

找到了問題的核心，處理事情時將事半功倍。店家找到了客源，做起生意來，也將得心應手無往不利。

每一個經營者都在尋找，尋找潛藏在某個地方的消費者。就如同考古學家熱衷於探索古文物、淘金客找尋夢寐以求的金礦、冒險家尋求被遺忘的新樂園。而你最大的客源在哪裡呢？這是每一個商店經營者都必須好好探討思考的一個問題！找到了問題的核心，處理事情時將事半功倍。店家找到了客源，做起生意來，也將得心應手無往不利。

直搗核心

未雨綢繆

有一位保險公司的從業人員，他每個月所創造出來的業績不只在區域的排行榜中名列前矛，甚至在全公司的總排名也都是位居前一、二名的位置。很多人好奇爲什麼同樣的商品、相同的服務，在數以萬計的保險從業人員之中，他總是能夠屢創佳績，一直持續的保持那傲人的業績呢？經過對話之後，我覺得不是因爲他的口才特別好，也不是他長得特別帥，更不是他收取顧客的保險費特別便宜。而是他知道一個經營者所必須知道的最重要觀念，即是在顧客最需要此商品的地方賣出顧客最需要的產品。

先賣個關子，不直接告訴你這位保險從業人員是如何找到這取之不盡用之不竭的金礦的，讀者們不妨自己動動腦想看看，如果你是一位保險從業人員，你會在什麼地方、用什麼方法、找什麼人來銷售你的保險？腦筋太久沒思考，反應能力會變慢，頭腦也會生鏽的！養成凡事思考的自我訓練，不先看答案，也不因循前規的做法，會讓你在將來遇到事情時，能有自己的見地、從容的去解決不同難題。

保險業是一個極爲困難的行銷行業，其挑戰之高，恐怕很少行業能出其左右。不僅從事保險行業的人員極多，而且隨便就能講出一大串正在從事保險工作的親戚朋友。

保險業所販賣的商品並不是實質的東西，它不像賣任何一種商品，還有實體的東西供你審視。保險賣的卻是一個對將來的保障，且絕大部份的保障是針對家人，自己成爲實際受易者的可能性也不太高。加上部分人避諱提到不測事件，認爲推銷保險是觸霉頭，連談保險都不願意，更別說要他掏錢。

言歸正傳，聰明的你想到了那位超級推銷員是如何完成工作的？

有一句話：「當失去了，才知道擁有的可貴！」當情人分手了，才回想著他的溫柔、甜蜜、可愛和笑容！所以，很多人也只有當身體狀況不佳時，才知道健康的重要性。對於躺在病床上的病患而言，他們比誰都知道健康的可貴。而對家屬來說，保險公司此時所支付的醫療理賠金，其重要性，他們更能深切體會。

疾病住院花費很大，不僅當事人無法工作賺錢，就連身邊照顧的人，也因為整天需要在醫院陪伴病患，無法工作，所以此時若有醫療保險能夠支付這筆突如其來的醫療費用，再加上生活補助金應急的話，便很完美。屆時，不只病患能無牽掛地安心養病，對家人來說也不用因爲一時無法工作而使生活陷入困境。

「未雨綢繆，勿臨渴掘井！」這個觀念誰都知道，差別在於有無深刻體悟。「我哪會那麼倒楣呀！」這是我們與保險從業人員對話時經常思考的。若在病塌旁邊與他們做保險的介紹，他們接受保險觀念的程度，也要比平時要來得高出很多。

利益評估

相同的銷售理念也出現在一位汽車推銷員身上。誰會想買車呢？當然是會開車的人！不會開車的人買車的意願應該是比較低的，而買車的第一步當然是要會開車。這位腦筋動得快的推銷員便把經營觸角，伸進了汽車駕駛訓練班，他在駕訓班取得了學員的資料後，逐一的拜訪學員。

而學員當中又以年輕族群佔極大比例。這些年輕族群因爲剛踏入社會賺錢，經濟上不大允許花太多錢購買新車，以至於他們的第一考量便是購買二手車。

這位推銷員基於自己對汽車的瞭解，並以消費者的立場爲顧客做了新車與舊車的比較分析後，讓客戶做出最合適的判斷。購買新車時雖然花費的金額較多，但在日後的維修上則可省下不少金額。買中古車固然花費較少，但若消費者對於汽車的瞭解不夠專業，有可能買到泡水車，或需要大整修的車輛，所以買二手車的風險明顯比較高。

其他利弊得失，也在推銷員的詳細解說下，讓客戶釐清疑慮。自然而然創造了異於其他推銷員的業績。當然，這不足爲奇，因爲他知道客源在哪裡。

再舉一例，當孩子到了要上幼稚園的年紀，家長不難發現，家中的信箱會收到許多幼稚園寄來，積極爭取孩子到校上課的信件。透過管道，幼稚園業者收集了許多孩童的出生資料，確實掌握了最大客源的經營宗旨，這即是以最小的力量創造最大商業效果的一例。

調查商機

之前地方版報紙上刊載了一名家境清寒的孝子，為了方便照顧臥病在床的母親而辭去了原本工作的報導。本來就捉襟見肘的經濟環境，因母親臥病而更雪上加霜！在實地瞭解他家裡情況之後，我發現年輕人的母親並不需要二十四小時隨侍在側照料。於是我給了年輕人一個建議，建議他用最少的時間和用最小的資金，試著為家裡多增加一點收入，而不用只靠政府的救濟金過日子。

抱持著「給他魚吃，不如教他網魚」的觀念，我建議他可以從事賣花的工作。然而，我認為光教他如何網魚還是太消極。

試問，捕到魚獲後，後續的動作是什麼？要怎麼樣處理？怎麼賣？如何賣？什麼時間賣？賣給誰才能獲得好價錢？

我告訴他，一般開店做生意的商店通常都習慣在農曆初二、十六祭祀土地公，供桌上的物品大多以簡單的鮮花四果為主。

我建議他在初二、十六這兩天，到住家附近的商店走一遭，並記錄下有哪幾家商店有拜拜的習慣，再於翌日登門拜訪。告訴店家你可以在每月的初二、十六提供鮮花到府送貨的服務，店家可以省去每月親自跑花店的時間。

有了基本的客戶後，再向中盤批貨。由於訂量皆在掌握之中，所以不致於發生賣不出去而虧錢的情形，更因為能每月固定向中盤進貨，所以上游花商也可在價格上做更大的優惠。同理，長期訂花的店家，也能拿到比市面上更便宜的售價。

這種不需店面，每月只進行兩天的行銷方式，頗適合沒辦法長時間工作的人來經營。

爾後，當這項工作駕輕就熟，能夠完全勝任時，我將會再告訴他，可以增加客群、加速收入，以確實改善經濟環境的方法。

例如，商圈中除了店家每月有拜拜的習慣之外，農曆初一、十五，只要是家中有供奉祖先的民眾，都有祭祀神明祖先的習慣，而這些潛在的商機，也值得日後去開發。甚至於在某些特定節日，如春節、情人節之類，消費者購花數量明顯激增之時，也可在既有的客源基礎下，遵循這個模式再拓展更大的客群。

對症下藥

醫師要替病患治療之前，必須瞭解患者哪裡不舒服，身體哪裡出了毛病，才能對症下藥。經由仔細詢問診察，從患者身上瞭解生活作息、飲食習慣、家庭病史，再從而診斷出疾病，找出問題之後，再給於以正確的治療。店面經營也是一樣，只要找出問題並且給予適時之改變，要擁有一整年的好業績，輕而易舉。

雖說社會上的行業有三百六十行，但大致做個區分，老一輩的人，將其區隔成兩大類，即分為文市跟武市！所謂的文市，泛指不需付出太多勞動力，著重在推銷的經營方式。例如服飾業、鐘錶眼鏡業、珠寶銀樓業。武市，指的是勞動較密集的行業，這些行業的店舖，通常不需處於都會中心，生意的成交與否，也不需要詳細的解說與推銷。如鐵工業、農機用品、機械製造業。

文市著重在銷售技巧，武市則偏重在製造技術。隨著時代的變遷，以前所謂的文市，也被付予了一個新的名詞：服務業。顧名思義，即以服務消費者爲導向的行業，粗略來說，舉凡需要與消費者做面對面溝通銷售的行業，都可稱爲服務業。

若是再將服務業做一個分割的話，又可分爲兩個不同的方向，即需要售貨員推銷的服務業，和不需要售貨員推銷的服務業。

需要透過推銷，方能達到預定的營業額，並使得商品能夠順利銷售的行業，最應該加強的，是售貨員與消費者之間的應對技巧。例如服飾業、資訊通信業、鐘錶眼鏡業、保險業、美容化妝品業、珠寶飾品業等。

在這些行業中，消費者購買商品的意願乃在於充分的商品特質和售貨員的推荐。這些商品的專業性及複雜性較高，消費者往往需要經由店家的進一步解說與介紹，才能了解商品特色和自我需求。

例如通信業者爲顧客介紹各式手機的多樣功能；眼鏡業者爲顧客測量度數後，介紹鏡片種類；美容業者瞭解了顧客膚質後，介紹合適的美容商品。這些商品若未經由售貨員的介紹，消費者很難從外包裝知道哪些商品的確符合需求。所以售貨員的態度與談話，牽動著商店營業額的命運。

然而，在下列的行業中，我們不難發現，除了本身的專業技術外，創新的行銷策略，才是吸引更多消費者上門的方法。例如家電用品業、餐飲食品業、飯店旅館業、運輸業、百貨業、聲光影視業、婚紗攝影業、美髮塑身業等。

推陳出新的餐點、新的服務方式，都是餐飲業吸引消費者光臨的噱頭；結合風景名勝和民俗特色，飯店業吸引遊客前來；購買DVD放映機，影視業者贈送消費者免費出租影片的抵用券；當月壽星，美髮塑身業爲客戶免費美髮、護膚一次。

消費者來到上述行業的店門口前，不需要服務人員解說，就已明確知道自己要什麼、店裡面賣什麼，所以，加強創意行銷是絕對需要的。而他們之所以在眾多商店中挑中某一家店上門，在出門之前，往往就已經做好了決定，這其中的因素，即是行銷的創意。

推銷的竅門

雖說服務業區分成需要推銷、不需要推銷這兩個區塊，但兩者之間的關係仍密不可分！我們強調的是必須將你經營的行業，依其比例加強某一方面的能力，而非全然忽略另一方面的重要性。

在需要以創意、專業技術，而不是靠口才來服務消費者的行業之中，有這個案例可供讀者參考。藉由這個案例讓所有讀者能夠經由思考，找到尚未被發掘出的處女地。

曾經有一位從事家電販賣業的老闆問我，做生意很難嗎？在他的訴說中，我知道他擁有優秀的專業技術，對待每位顧客也是有禮、細心地介紹。奈何時代變遷，大賣場一家接著一家開，改變了消費者的購物習慣，使得有需要的民眾，逐漸往大賣場移動。

這種情況讓原本經營小家電的商家，面臨了前所未有的風暴。他們不是不努力，也不是不認真，而是不知該何去何從。徒具一身好功夫，卻沒能盡情發揮專長。

俗話說「山不轉路轉！」雖然消費者購物之前，多了大賣場可供選擇，但也不見得每一位消費者都在大賣場購物，小商店依舊有它的生存空間。只要店家找到了經營方向，再發揮一點巧思，依然能夠在眾多的競爭對手中脫穎而出。

在這個案例中，我們將大賣場與小商店做比照後，簡單的歸納。大賣場的優點在於擁有眾多、多樣化的商品供選擇，缺點在於維修速度，不及店家來得迅速。相對的，店家若也希望像大賣場一樣在店裡面擺上眾多商品，其所需的營業面積與投入資金將會非常龐大。

一般店家沒有大財力支撐，這是必須承認的事實。既然在硬體方面沒有雄厚資本與大賣場相抗衡，那麼在維修與服務方面下工夫，即可靈活地彌補弱勢。另一方面，有些人在電器用品出現小問題時，對於「電」這種東西，有一種恐懼感。自己動手維修會擔心觸電；接錯線而造成電線走火。偏偏，像更換燈泡或保險絲這種小事情，如果要請師傅到家裡更換，卻又似乎有點小題大作。燈泡不換不行、不知道找誰來換，於是問題就這麼的擱著。

由於上述的家電業老闆，同時擁有水電技工的執照，我建議他可用招募會員的方式來建立穩固的基本客群。方案是，每一戶家庭一年酌收五百元，在這一年之中，只要這戶會員家裡的電器用品，或是水電衛浴出問題，都可以打電話請他過去維修，就算問題小至水龍頭滴水，也都包括在服務項目之內。

當然，這並不包括更換耗材和替換零組件所需的費用，在一定、合理的收費之下，顧客是願意付的。然而對於一些只要用技術就可以修復的小工作，就不要再向顧客額外收取費用，如此，加入的會員才會有物超所值的感覺。

或許有人會覺得一年只收五百元，可能不夠店裡的開銷呀！若光靠一個會員的會費收入，當然不夠。但經過評估之後得到一個數據，一般家庭，一年之中需要請水電師傅來家裡做維修的次數，大約是三次。每次維修的時間約爲一個小時，若是以招攬七百位會員來計算，就收入的金額部份共有三十五萬元，換算成每個月的話，就有近三萬元的基本收入。在工作時數部份，平均每天約有六戶會員需要你去做維修，而每天的工作時間約爲八個小時，對於體力上不會造成負擔。

雖然會員平均一個月只是付出那區區的四十元，但家裡的所有水電都有了保障，這點消費者是很能夠接受的。

不過這位電器行的老闆所得到的收穫，可是遠大於入會的金額，在每一次的維修服務之中，他與顧客不僅建立起深厚的友誼，更讓所有的會員知道了這家店的存在。後來某些會員需要購買家電時，也都會請他代爲訂購，漸漸的生意也拓展開來。

這種社區型的服務，招收會員的區域不需太廣闊，在一個中小型的都會區裡，一棟大樓往往就住了好幾十戶人家，在方圓五公里之內，這種大樓更是不計其數，而它所潛在的商機也是無限的，若懂得去運用，要創造比現在更亮麗的業績，是非常容易的一件事。

當時，那位老闆曾經問了我一句話：

「萬一招收了七百位會員之後，忙不過來怎麼辦？」

「作生意只怕沒有忙的機會，不用怕忙不過來！要真的忙不過來，那表示你已經做得很成功了，再多請一位師傅來幫忙，事情不就解決了？」

只要找對了經營的方式，作生意很難嗎？

口才更得利

在需要經由口才做銷售的行業中，有一位汽車材料行的老闆娘，可謂將之發揮得淋漓盡致。

有一次我的汽車故障送進汽車維修場，老師傅檢查過後確定是水箱部份出了問題，因爲修理廠裡沒有那項材料可以替換，老師傅就叫一位學徒到材料行買零件。我想，反正閒著也沒事，就坐著那學徒開的車，跟他一起去材料行。

到了材料行之後，學徒才一進門，老闆娘便笑嘻嘻的將香菸遞給了學徒說「小師傅，抽根菸坐一下。」接著又從冰箱裡拿出冰涼飲料和水果招待，甚至還細心地將吸管插入飲料中拿給了學徒。看那老闆娘左一句小師傅、右一句小師傅的叫著那位學徒，看著那位學徒愉悅的表情時，心裡面不禁十分佩服老闆娘親切的待客之道。

學徒來到了這裡後，立即搖身成爲小師傅，在這裡得到了肯定，也得到了老闆娘的尊重，仿佛自己就已經是修車師傅了。在回程的路上，我問那位學徒，「剛才沒聽到老師傅指定去哪一家買材料，你爲什麼會選擇到那一家去買呢？」

「因爲那一家店很好！」小學徒想了一下說。

「很好是好在哪裡？」我問他。

「也不知道，反正就是很好。」他搔搔頭笑著說，師傅叫他去買材料時，他自然就會想去那裡。

「職業不分貴賤」，當然，顧客也不應分貴賤。大客戶來買東西時，固然要以禮相待，然而，學徒也是顧客，也該盡心招呼，不區分購物多寡都能誠意對待每位顧客的店家，要能夠永續經營事業，不是件遙不可及的事。

以上所舉的幾個例子，不見得與你的職業相吻合，但這並不代表和書中所提的經營概念無關！商業管理書籍所陳述的事實、舉例的方法，並不是要你照本宣科、一字不漏的去做。各行各業接觸的客層不盡相同，店家面對顧客所需用的行銷策略也不同，但大原則卻是始終不變的！

要怎麼閱讀商店經營的書呢？《三國志》中有一句很值得分享的話：「讀書百遍見眞義」。我們希望的，是在閱讀後，你能運用智慧激發出另一個比作者更新、更有創意的想法來——啓發思想、引出創意，繼而誘出構想、創造商機。

方法是死的，做法才是活的；理論是死的，實際去做才是眞的。方法不是唯一，更不是絕對。

第四回

扭轉乾坤

反敗為勝

不要認為地點不佳就絕對沒辦法做生意，用點心思在經營策略上，善用地理位置的缺點，將其轉變成優點，也能反敗為勝。

一言以蔽之，當消費者根本不知道有這家商店存在時，店家所有創業的理想、經營的理念、卓越的行銷概念，乃至商店裡所有的產品，都不可能銷售出去！

道理很簡單，消費者不知道這家店存在，當然就不知道這裡販賣著他需要的商品，縱使消費者急需購買，也會前往他所知道的商店。

缺點變優點，王子救公主

曾經，在某一個玩具公會業者所舉辦的商品聯合展示會上，某一家參展公司，因爲抽籤分配到的展覽位置極爲偏僻，以致於參觀的民眾，根本不會走到那裡去。加上民眾光走整個展覽會場的外圍，就已經花光了所帶來的費用。

在攤位前路過的民眾寥寥無幾，更別說做生意了。於是，業者發揮了創意，將這個不利的環境缺點，轉化成優點，把最弱的地方，搖身一變成爲一個絕佳的賣點。

由於這是一個以玩具爲參展主題的展示會，參觀的民眾皆懷著赤子之心與尋寶的心情前來參與。廠商心想，既然如此，何不針就對消費者的心理，設計出一種能夠吸引顧客前來一探究竟的遊戲，讓來參與這場展示會的民眾，能夠在遊戲中自然而然地找尋到這個攤位。

於是，業者在入口處廣發一份國王的佈告，說草莓公主被惡魔城的魔王抓走了，希望勇敢的小朋友能夠依照魔王所留下來的線索，前往救出草莓公主，國王將會給救出公主的人，一份神秘禮物。

宣傳單上並未標示這一家公司的名稱，也未在這份廣告單上寫著這個攤位所展示的任何相關商品。而是藉由提示，讓消費者按圖索驥，拿著尋寶圖，一步一步找尋魔王的位置，也就是這個攤位所在地。

人們都有好奇心與挑戰未來的勇氣！在這個遊戲中，小朋友將自己化身成王子，爲了解救被魔王困在城堡中的草莓公主，必須勇往直前、接受挑戰。對照著這份廣告單上的指示，在某個路口必須右轉，在某個地方要停下來解開謎語才能夠繼續前進，最後來到惡龍前面，還要和惡龍玩一個簡單的遊戲，贏的人才可以在單子蓋一個通行章，表示已經打敗惡龍，擁有救公主的能力。

一路上過關斬將，拿提示解謎語的小朋友們，每一個都玩得不亦樂乎。可想而知，只要稍微用心尋找，小朋友最終都能找到城堡救出草莓公主，也都會得到國王所賜給他們的神秘禮物。所以，這個展覽攤位前面擠滿了一波又一波的人潮！現在這種門庭若市，人潮絡繹不絕的場面，與先前門可羅雀的荒涼景象比起來，簡直不可同日而語。

廠商利用玩遊戲的技巧，將這位處邊垂位置，巧妙轉型成爲尋寶探索新樂園的巧思，當然，也只有家攤位能夠適用。其他位居入口處的攤位若也跟著模仿，只怕小朋友們得不到這麼多充滿樂趣的體驗！

如此具有創意的巧思，不僅十分値得位置不佳的商店經營者，在等不到顧客上門參觀購物時，做爲一個參考與省思方向。它更告訴所有經營業者，不要認爲地點不佳就絕對沒辦法做生意，用點心思在經營策略上，善用地理位置的缺點，將其轉變成對自己有利的優點，也能反敗爲勝。

地利之便也是盈虧之辨？

在小吃界中，以風味獨特、價格便宜而聞名全省的台南地區，有一座專賣小吃的點心城，裡面匯集了來自各地的小吃，舉凡煎、煮、炒、燴、燉、燜、涮、滷 樣樣都有，仿佛就是飲食界的聯合國。在這裡，消費者不難找到他們所衷愛的食物。

來自四面八方的饕客蜂擁踏進點心城後，他們的心態往往是在進入時，習慣性的先四處逛逛，再搜尋有什麼適合自己口味。然而這種習慣性，對於位在入口處的這家店而言，無異是一種嚴重的致命傷。

這是一家位在入口處的店面，消費者雖然很容易地看到這家店，但卻都抱持著「先逛一逛，再看有什麼好吃的」心態下，匆匆走過這家店。看著來來往往的人潮，和自己清淡依舊的情況，店家不禁搖頭納悶，不是說「人潮就是錢潮」，怎麼店門口這一大堆人潮，卻沒有爲他帶來應有的錢潮？

當初之所以願意用較高的價錢，承購這間位於點心城第一間的店面，無非就是看中它身居龍頭的地點，希望每位到這裡來的消費者都會經過自己的店面。原先預借助地利的優勢創造出亮麗業績，怎奈事與願違，忽略了考量消費者的購物習慣，莫非應驗了「成也蕭何，敗也蕭何！」這句話。

任何一個成功絕對不是偶然，也不只因爲具備了一項比他人優渥的條件，就能創造出傲視群雄的千秋霸業。成功，是在不斷累積的經驗中，掌握優勢、逆轉弱勢所創造出來的。於是，這個店家開始思索如何突破經營困境的方法。經過了一連串，向親朋好友請益的動作，店家集思廣益，綜合所有意見，做了一個獨樹一幟的招牌。

他在店門口擺出「點心城最好吃的小吃——就從這家店開始！」的廣告，招牌一放，消費者果然眼睛一亮，加上它位於入口處，相當醒目。

而這句話也勞勞的抓住了每一位消費者心理：「既然最好吃的點心就從這裡開始，不妨就從這家店開始試看看吧！」於是消費者不再忽視這家店的存在，這家店也終於搶盡地利之便。

或許，讀者在看過這兩個實際案例後，會想到一個以子之矛攻子之盾的問題，而心生疑慮：「如果在同一個展示會上，位於入口處與位置偏僻的商店，若同時都引用了上述方式來招攬消費者，那會有什麼情況發生，消費者是否會無所適從、不知該如何選擇？」

這個問題其實是多慮了！爲商之道，首重於如何吸引消費者注意，拉住客人的腳步。當消費者注意到你的存在，這筆生意就可能有成交的機會。當消費者願意停下腳步瀏覽你所販賣的商品時，緊接著就是展現銷售技巧的機會。

愈能創造消費者需要，掌握消費者購物心態的經營者，終將是商場上最後的贏家。

一如前言所論述，任何行業的成功，絕不只因爲具備了一項比他人優渥的條件，就能創造出傲人的業績！當你具備了比他人還多的優點，再加上運用靈活的行銷手法，便有比他人早日登上成功舞台的機會。

在商場上競爭，只光憑廣告就希望扭轉乾坤、反敗爲勝，恐怕不是件容易的事。縱使廣告用語如何誘人，能馬上吸引消費者上門，但若本身的銷售技巧不足，或商品的品質和價格無法讓人接受時，在爾後的日子裡，還是不會有消費者願意上門。

當消費者知道店家的存在之後，如何化被動爲主動，積極爭取消費者上門，則考驗著商店經營者的經營智慧。

平心而論，現在每一位開店的經營者，都很認眞、用心地經營著店面，不論在硬體，如櫥窗佈置、商品陳列、售價、顧客動線規劃、整間店面所營造的氣氛，乃至心態方面，如基本禮儀、親切度　都有充分的準備。幾乎可說，每一家店所擁有的基本條件都一樣，差別在於，消極型的店家等待機會，積極型的店家創造機會！

機會，是應需要而創造出來的；成功，也永遠只給懂得把握機會的人。

經營要訣

常有人問，他們看了那麼多的行銷策略的書籍，也聽過很多專家演講，當下覺得受益良多，也從中獲得了許多寶貴意見，心中更充滿了無比的鬥志，就像一隻正要展翅高飛的巨鵬，決定浴火重生。但眞正面對消費者時，卻又是腦袋空白，平時腦海裡記得的觀念與做法，已經煙消雲散，此時此刻卻不知該如何推銷。

他們問我是否有比較簡單、好記的口訣，幫助他們記誦呢！綜合各家商業經營概念，每位專家所論述的理論中，可以將其扼要地濃縮爲「三心」、「二意」四個字，而每位經營者，其根本之經營和待客之道，也就是從「三心」、「二意」延伸出來。

所謂的「三心」、「二意」並不是指遲疑不決、行事優柔寡斷，而是有更深一層的含意與解釋。

三心

做生意要有三心，即擁有「信心、耐心、企圖心」。

有「信心」的售貨員，不難看出。他平時已經做好了萬全的準備，對於店裡面的每項產品、功能、售價，還有多少存貨，巨細靡遺、瞭若指掌，隨時可以立即回答消費者提出的問題。

在專業素養上，也因為具備了相當程度的能力水準，以致在和消費者洽談的過程中，十足信心，表現出從容不迫、落落大方的態度，大幅增強消費者購買的機會。

絕大部份的領導者都擁有一項特質，他們堅毅的眼神裡充滿自信，群眾相信他所說的話、做的事都是誠實不欺騙，若是將這種特質轉而運用在商店經營，也會有著相同效果。

「耐心」的表現則考驗著售貨員，是否能夠博得廣大消費者愛戴，從而化身爲一位超級售貨員的一項非常重要因素。某些擁有能力的售貨員，往往自視甚高、恃才傲物，漸漸失去了與消費者互動時該有的親和力。面對消費者，不再具耐心做詳細解說介紹，只想著該如何快點結束對談，好再多騰出時間接待下一位消費者，營造更多業績。

忽視消費者的問題，並不是售貨員應有的態度。有耐心的售貨員懂得花時間探詢消費者的需要，再以消費者的立場，依循自己的專業爲出發點，幫顧客建議眞正符合消費者需求的商品，如此才能贏得消費者對你的終生信賴。

擁有「企圖心」的經營者，或是售貨員，懂得時時督促自己要往更好、更高、更遠的目標前進！一位擁有企圖心的經營者，絕不甘心於滿足現狀，而是隨時激勵自己、砥礪自己，準備往前再衝刺，突破自我、超越自我。

缺乏企圖心的經營者，就如同失去動力，在海上漂流的船隻，只能在時代的潮流裡載浮載沉、隨波逐流，終致被洪流所吞噬。企圖心是企業奮鬥的目標，也是商店成長的原動力，更是售貨員要邁向成功的道路、不可或缺的精神指標。

有了信心、耐心、企圖心這三心之後，那麼「二意」呢？「二意」即「誠意、創意」。

二意

「誠意」是誠實對待不欺騙。以一顆眞誠的心、感恩的心和關懷的心，來爲每位願意給我們機會的消費者，做最誠摯的服務。不能因爲消費者不懂，便憑藉著專業知識來欺瞞、蒙蔽消費者。

個人店面乃至企業的經營，想要奠定不朽的根基，穩固基礎客源非常重要，當顧客已經將信心建立在這個品牌、公司、商店，乃至個人的信譽上後，不僅店家以後所推出的商品不致於受景氣和同業惡性競爭所影響，消費者有需要時，依舊會時常光顧。

「創意」使用得宜，能夠讓你在競爭之中，創造出更多的營業額，開發出比同業更多的客源。商場的競爭很激烈也很現實，今天的佼佼者，若隨時沒有新點子，便有人虎視眈眈地準備將凌駕你。常聽到一句話：「保持現狀就是落伍」，社會變遷快速，消費者喜新厭舊、改變喜好的速度也隨之加快。

一位成功的經營者，若充分掌握住社會脈動、瞭解消費者實際需求，再適時推出能夠徹底打動消費者購買意願的創意點子，即能在業界中脫穎而出，建立異於同樣的新形象。

創意要能夠在消費者心中留下永難抹滅的深刻印象，訣竅在於「勇往直前」——做一個開拓者，而不是做一個永遠跟在人後的追隨者。人們只會注意到第一，不會看到第二！

「三心二意」是一簡單易記的口訣，當下一位消費者再來我們這裡購物時，不仿在心裡面默記「三心二意」四個字和其中的經營道理，這會讓你與消費者的互動產生極其微妙的變化。

危機處理

在經營這條路上，沒有永遠都走得平平順順的店家，也沒有永遠不會接到顧客抱怨的老闆。當危機發生之時，也正是考驗經營者智慧的時刻。懂得化解危機的經營者能夠將阻力化爲助力、將危機化爲轉機。任何事情總是一體兩面的，危機可以是轉機，漠視消費者抱怨，不懂得解決危機的老闆，將面臨消費者不信任、流失客群，導致歇業的命運。

當商店發生危機時，消費者、同業，甚至旁觀者都在看經營者如何運用智慧解決問題。數個月前就發生幾件商業糾紛，引發消費者對公司不滿，甚至暴發抗爭事件！

某家運動用品廠商邀請了美國籃球名星來台灣和球迷面對面做近距離接觸。廠商與消費者之間溝通不良，在節目安排的認知上有很大的差異，導致名星上場的時間、表現和消費者所預期的情況，產生了極大的落差。

這件事引發了消費者嚴重抗議，而廠商在第一時間處理的態度，也未能讓所有的消費者滿意，整件事鬧得沸沸揚揚、引起討論。大家都在看這家知名跨國企業如何運用智慧，將整件事情做個完美的善後。雖然事件和平落幕，但結果不是很盡人意，而在危機處理的過程中，留下了不少議論空間。

很多商店在做處理危機時，第一個態度就是抵死不承認，一味推諉責任，再據理力爭、引經據典地證明自己沒有錯，甚至還認為消費者是故意來找麻煩。一旦有這種先入為主的觀念，就等於將和顧客之間的協商大門徹底關上，之後要取得共識，只怕是難上加難。

當然，店家也不用急於在第一時間，為了安撫消費者情緒，而在不明就理的情況下承認錯誤。有紛爭時，錯誤一方不見得都是店家，其中很大的原因在於對產品的認知、店家所提供的資訊，產生了誤解。

面對抱怨時，我們可以預見一位怒火中燒、說話失去理性，心裡面認定了被欺騙的消費者。抗爭，只爲了要討回公道、表達不滿，隨時準備與你面對面來一場硬戰，就算是玉石俱焚也不在乎。

懂得處理誤會、化解紛爭的經營者，首先會保持冷靜，不因三言兩語而被激怒，更不可因對方高亢的語氣而使自己亂了方寸。聰明的經營者不需激烈的抗辯、任意歸咎責任，而是耐心的傾聽。

耐心傾聽是溝通的第一步！如果顧客願意，不妨請他坐下來，請他將這整件事情的原委告訴你，並明確讓他知道，你願意竭盡所能誠意處理。他會感受到你的誠意，所以應盡可能的讓消費者暢所欲言，不要打斷他的話。

某些消費者在抱怨完整件事情之後，氣也就消了。有時甚至根本不需要做任何處理，因爲事情沒有描述的嚴重，而在敘說的過程中，自然也找到了解決的方法。於是，在你展現出願意盡力解決問題、耐心傾聽的同時，事情便順利解決了。

在傾聽完消費者的抱怨後，若確實不是消費者的錯，而是自家的問題，或是需要後續追蹤調查方能釐清事情眞相時，我建議店家能將消費者所反應的不滿事項，以紙筆記錄記錄下來。以紙筆記錄有下列幾個好處：

1．表示你對這整件事情的重視程度。用紙筆寫下來，對於整件事情日後的責任歸屬可以有個依據。

2．藉由記錄之時，店家再口述一次消費者所抱怨的情事，不僅不會發生遺漏的憾事，且能明確掌握事件來龍去脈，以做更深一層的瞭解、分析。

3．白紙黑字有憑有據，消費者自會斟酌說話用語，有關辱罵、叫囂，甚至恐嚇的非理性用詞，將不會再出現，也避免消費者為了誇大事件，而加油添醋、捏造不實的情況。

4．為什麼建議用紙筆記錄，而不是以錄音機或是用電腦打字的方式記錄呢？原因在於紙筆書寫時速度較慢，在這書寫的同時，對於緩和消費者不滿情緒，與讓自己能有更多解決事情的思考空間，有很大幫助。同時，對方盛怒的情緒，將漸漸趨於緩和，而你也能在這段緩衝期間獲得思考的空間，以便應付接下來的溝通。

5．如果是店家本身疏忽，而導致消費者損害，應以此做為借鏡，避免日後再次發生。紙筆記錄，不僅加深印象，事情落幕案件建檔後，對於新進的員工而言，則可當成一個活教材，避免新店員犯了相同錯誤。

對於消費者的抱怨，經營者應該本著謙虛的心，由衷的感謝消費者願意再回到我們店裡，向店家反應。很多店家對於顧客流失，常常不知道原因，消費者不再光顧的原因固然很多，如就業、求學、搬離開原來的地方、消費習性改變、不在熱衷某一項商品、附近有同性質的商店……

然而那些不可掌握的因素，終究不是因爲店家經營不善而導致，店家應該重視、應把焦點放在，原本屬於自己的客人，卻因價格、服務、產品或其他因素，導致對這家店失去信任，而不願再光臨的問題。

每十位流失的客群中，會願意回來跟店家抱怨的消費者，恐怕不及十分之一。其餘未回店裡消費的顧客，他們不滿的情緒與抱怨，不代表就此平息，並有可能擴散到週遭朋友中。

對於願意再回到店裡向店家抱怨的消費者，應該心存感激，並接受他們寶貴的意見。而在確實瞭解消費者所抱怨的事情後，應儘力化解消費者心中的不滿，並誠懇與消費者溝通，是店家的責任就絕對不能諉過！因爲消費者的意見是經營者需奉爲圭臬的準則，而他們的需要更是經營者努力追求的目標。

該怎樣彌補消費者的損失，讓消費者滿意？最主要的關鍵是店家是否有同理心，是否能夠虛心的檢討自己的過錯。消費者要的並不是店家長篇大論地爲自己辯白。

消費者要的，是希望在與你面對面的溝通後，便能得到具體結果。若是這件事情需要再轉移到另一個單位或地方才能解決，除了向消費者解釋原因之外，並應隨時與消費者保持聯繫，主動的告訴消費者後續處理的狀況，避免消費者在無限期的等待中再度爆發出不滿的情緒。

消費者不會因為你承認錯誤，就拚命落井下石、予取予求，有時反而會因為店家展現出誠意態度，而願意與店家一同探討究原因，讓事情在雙方面都可以接受的原則下，圓滿的落幕。

第五回

商場銷售

對其他店家的抨擊愈多，自己得到消費者的信任也愈小，想藉由批評別人來壯大自己的做法，往往適得其反。

商業經營書籍大部份是以敘述方式，和讀者共同分享經驗、見解或闡述道理。這回換個方法，以場景式實例的對話方式，藉由售貨員與消費者之間所發生的問答，來表達我所要闡述的意思。

每一種行業，追根究底，其根本的待客之道是不變的。這次我們試著以一位消費者與手機業者之間的談話，做爲範例。文中，我們將剖析消費者購物時的心態和店員對消費者應對時所產生的效果，並在每一個段落後提出了解析，讓讀者能夠更輕鬆、容易的抓住整個對話的核心重點，增強讀者日後的銷售能力。

案例實錄

林先生是一家中小型企業公司的主管，因爲業務上的需要，想將已經使用了三年的舊手機汰換掉，換一台待機時間較久、功能較多的新手機，以因應日益龐大的業務量。

於是每天看報章雜誌的時候，他開始特別注意有關於手機的廣告，也問了最近新買手機的同事朋友，問他們使用某些牌子的手機後感覺如何？有哪些功能？操作是否順手？通話品質是否穩定？

林先生在閒暇之餘，他也到相關的網站上搜尋有關目前新手機大概有哪一些新功能、售價大約是多少、有什麼配備等等。

解析

在資訊便捷的時代裡，愈來愈多消費者想要購買某一項商品時，通常會先藉各種管道搜集相關產品的資訊，以了解商品功能。

趁著休假空檔，林先生決定親自到通信行實際看看他所初步選定的那幾款新手機，實際感受手機握在手上的感覺。懷著愉快的心情，林先生開著早上才剛打過蠟的車往市區前進。在這一條每天上下班必經的道路上，有幾家通信器材行他不是很確定。開車同時注意著形形色色的招牌，忽然映入眼簾的，是十分醒目、一支巨幅手機形狀的大型霓虹燈廣告。

解析

在車水馬龍的鬧區，外型顯眼的招牌是吸引消費者注意的第一步！消若費者不知道有這家店存在，便不可能上門，沒人上門，一切都免談了。

在這鬧區之中，想要找個停車位，確實也不是件簡單的事。林先生依稀記得小巷子裡面有一個私人停車場，索性就將車子停在那裡，反正時間充裕，再走路慢慢逛、慢慢看，比較能夠找出合適的手機。漫步在騎樓下，他來到了一家通信行門前，店門外佈置了五顏六色的旗幟，橫布條上寫著「週年慶——貝殼機原價13000，特價9000」。

櫥窗擺放著幾支DM中常出現的手機，店家雖然沒有將每支手機一一標價，但林先生對於那幾款手機的價格已大致了解。推開了玻璃門，迎面而來的不是「歡迎光臨」，而是一股濃濃的煙味，林先生皺了眉頭猶豫了一下，還是踏進了店裡。

店內圍坐著好幾個人，似乎正在泡茶聊天，彼此你一言我一語，語調高亢，似乎在討論政治和時事話題，並起了一點小爭執。老闆看到林先生進門，只說了句：「請坐！隨便看，有什麼需要再叫我一聲。」眼睛卻捨不得離開電視螢幕，也沒有立即起身詢問林先生有什麼需要服務。

林先生看了矮櫃中展示的手機，不僅玻璃上有一層薄薄的灰塵，店裡到處還可看到小孩的衣服與玩具。林先生獨自在店裡面看了約兩分多鐘，老闆終於願意將屁股從椅子上移開。老闆走到林先生前面，順手打開了櫥窗裡的珠寶燈，開口說：「先生，要哪一支手機，我拿給你參考看看。」

解析

老闆應該考慮消費者的感受，避免與朋友在店裡聊天、看電視，尤其客人都上門了，仍舊緊盯著電視不放，實在太不應該！而老闆的朋友在店裡面喧嘩，似乎也忘了這是個營業場所，加上又在裡頭抽煙，實在令人難以忍受。

佈滿灰塵的玻璃櫥窗，給人懶散的感覺，這是一家不認真經營的商店，陳列商品的多寡是其次，清潔工作絕對不能馬虎，加上店內不宜有太多雜亂物品佔據營業空間。提供消費者一個整齊清潔的購物環境，是店家該有的責任。而櫥窗照明不打開，等顧客上門再開燈的舉動，會讓消費者產生生意不好的第一印象。

「老闆！」林先生說：「外面廣告上寫的那支貝殼機，給我看看好嗎？」

一臉倦容的老闆伸手抓了一下亂髮中的頭皮，頭皮屑如雪花般飄落：「那一款貝殼機因爲我賣得很便宜，一推出馬上訂購一空，現在已經沒有貨了。」

「那你還會再進貨嗎？」

「進貨是會啦，不過公司現在也缺貨，什麼時候會再進貨還不知道。你看別支手機，我算你便宜一點。」

解析

很明顯地，可以看出這位老闆在門口懸掛廣告布條的用意何在，藉著提供比市場便宜的價格，吸引消費者，待客人上門後，再藉口已經賣完，或是以其他理由搪塞。

常常可以發現，很多賣場打出低價促銷之後，消費者懷抱希望前往購買時，偏偏找不到該項商品，問了服務人員後所得到的答案，幾乎都是已經罄空的消息。當你大老遠一趟路到這裡買東西，發現已經賣完，相信大部份的消費者不會怪自己動作太慢，而是有種上當受騙的感覺。

縱使店家一開始確實提供了優惠商品回饋消費者，但對於後到、買不到的顧客而言，無異是商店欺騙顧客的把戲罷了。既然店家有心拿商品做促銷招攬顧客，就應該考慮貨源供應量的問題。消費者是聰明的，上當一次之後，會懂得不再信任這家店的任何廣告。

此外，上述老闆的外表也不及格！雜亂的頭髮和一臉倦容，一副無精打采的樣子，讓人懷疑他還有沒有精神做生意。任何行業都一樣，當你充滿朝氣，神采飛揚地與消費者交流，無形之中就會將你的專業形象與愉快的購物氣氛，傳遞給消費者。

林先生指了櫥窗中一支寶藍色的手機問老闆：「老闆，這支手機不搭配門號，多少錢？」

「這支喔，這支單機16000元！」

「16000元？但前面那一家店的廣告單上說賣一萬五呢。」

「那一家店的廣告都是騙人的啦，他們賣的都是水貨，有些客人還告訴我，說他們會將手機中的新零件拆下來，再裝舊零件上去賣給不知情的顧客呢！」老闆不太高興的說。

「但是他們的廣告單上說，保證都是公司貨呀！」

「你外行，不知道啦，寫是這樣寫，要亂寫我也會。」

解析

對其他店家的抨擊愈多，自己得到消費者正向的信任也愈小，想藉由批評別人來壯大自己的做法，往往適得其反，得不到消費者認同。在你不清楚同業的廣告內容時，冒然就提出自己的批評、看法，很難讓消費者信服。

學著敞開心胸，把同業當成是事業良性競爭的伙伴，不要把他們當成你生意上的敵人，在言談中懂得尊重別人，自己也會得到消費者的尊重。

「請問這支手機是最新型的嗎？它有哪一些功能呢？」林先生拿起手上的手機問。

「這是最新型的，它的功能？我看一下！」老闆將手機裝上了新電池開始操作。

「能讓我看一下它的E-mail功能嗎？我對實用性比較重視。」

「我看一下。」老闆自言自語後在手機上按了好幾個按鈕，還是沒能將電子郵件信箱的功能按出來。

「你坐一下，我看說明書上怎麼寫。」老闆拉開底下的抽屜，翻了裡面雜亂無章的一大堆文書資料。

「阿美，那本V380的資料放在哪裡？」老闆找不到那本廠商給的說明書，轉而拉開嗓門大聲的問裡面的太太。

太太從裡面出來，手裡拿著餵小孩的奶瓶向那老闆抱怨說：「每次你自己東西都亂放，找不到時就問我，我怎麼知道你又把那些資料丟到哪裡去了。」老闆娘邊抱怨邊在報紙雜誌堆中尋找。

「在這裡啦，拿去啦！」老闆娘果然在一堆過期的雜誌中，找到了那本說明書。

「收好啦，下次找不到不要再問我了！」老闆娘將說明書丟給老闆，又嘀咕了這些話。

林先生面對這場景，尷尬地笑一笑，似乎一切爭端都是因爲他引起的。回頭看老闆，只見他一頁翻過一頁找尋操作說明，再按一按手機，又低頭看說明書。

林先生心想，這款手機操作這麼複雜嗎？怎麼連專業的老闆都還要看說明書？

「這支Ｖ３８０很難操作嗎？」林先生問。

「這個E-mail功能很少人在用，你買回去後，依照說明書上面的指示使用就可以了。」老闆終於說話了。

解析

售貨員對店裡販賣商品的操作，應該要能駕輕就熟、靈活應用。有新產品上市時，第一線的工作人員更應該仔細閱讀操作說明書，方能在顧客提出問題時不慌不忙地回答，避免發生窘態。

售貨員操作商品難易程度的過程，也是消費者考量是否選購該商品的考慮因素之一，如果售貨員在操作上都顯出困難，只怕消費者不敢輕易使用。

另外，上述情況也可發現，該店對於商品管理的鬆散。連重要的說明書也會隨意放置，從小地方就可以觀察這家商店的精營模式——是否以積極的態度管理。

林先生心想，這家店給人的感覺很不專業，若是將來購買了手機之後，在操作上有問題，老闆恐怕也不能給予任何幫助。

「老闆，我再考慮一下，這款手機操作似乎很困難。」林先生準備離開這家店。

「等你熟練之後就不會感到困難了，不然，你要不要考慮這種沒有E-mail功能的手機。」老闆從櫥櫃中拿出了另一款的手機。

「我還是回家考慮一下好了！」林先生站起來。

「這支Ｖ３８０我跟前面那家店一樣，價格給你做個特別優惠，也算你一萬五好了，我賠本賣給你，算是跟你做個朋友！」老闆自動減價說著。「現在生意很難做，你說一萬五就一萬五吧！」

「老闆，我並沒有向你殺價喔！我還要考慮操作的便利性，我還是再考慮考慮好了。」林先生笑笑。

林先生推開玻璃門走出去，外面的空氣似乎比店裡還要清新多了。

解析

消費者購物時，價格高低並不是他們心中買或不買的唯一考量因素。售價比別人低，並不表示能夠順利地將貨品販賣出去。這位老闆顯然還搞不清楚消費者不願購買的真正原因，他依舊迷失在「價格決定一切」的錯誤觀念中。

通常，消費者不會將不願購買商品的真正原因告訴售貨員，而是隨便編個理由離開。離開的原因，可能是商品款式不夠齊全、售貨員的銷售技巧出了問題，也可能是售價不滿意。

有心經營店面的商家，應該深思熟慮，找出消費者不購買的原因何在，該改善的地方就該徹底做改變，別再讓下一個光臨的顧客，又因為相同的疏失離開。

林先生記得在離這裡不遠的地方，也有一家通信行，上次他太太手機掀蓋功能出了問題，他曾經到過那家店請店員幫忙，林先生決定再去那裡看看。

櫥窗裡，濃厚的端午節佈置氣氛映照著一款款樣式新穎的手機。鮮紅亮麗的紙雕粽子、中國味十足的流蘇，一艘艘龍舟上划槳的船員表情生動活潑，簡樸的擺設中隱約透露出高貴典雅的感覺。林先生這才發現，原來端午節快到了。

展示架上轉動的手機，配合著投射燈光照射的角度，閃閃發光地引起林先生注意。走近一看，鏡面的旋轉展示架上綴著如鑽石般閃亮的亮片，每一轉動，便折射出七彩般美麗的光芒，讓手機更顯光彩奪目，忍不住讓人多看一眼。

解析

與節慶相結合的櫥窗佈置，能讓消費者感受到這是一家能跟上時代的商店。將櫥窗佈置得美輪美奐，容易吸引目光，而活動展示架所擺放的商品，若造型新穎、功能獨特，則更能吸引人潮注意。

「先生您好，請問有什麼需要？」

一位店員站在離林先生約兩步的距離，帶著笑容和他親切的打招呼。

林先生向她點了點頭說：「我隨便看一看。」

「好的，如果有任何需要，請隨時告訴我！」

「小姐，最近已經有一款新型手機可以接收E-mail，那種手機是哪一款？」

「您說能接受E-mail的手機，目前市面上總共有三種，請過來看看。」店員將店門推開，做了一個請林先生進門的手勢。

進入這家商店，撲鼻而來的是一陣陣淡淡的茉莉花香。林先生找了張椅子坐下。「先生，請喝茶，我拿您剛說的手機讓您看看！」這時剛才那位小姐端出了一杯冰開水說。

喝了一口冰開水，再加上舒適的空調，林先生頓時暑意全消。接著手腳俐落的店員，從櫥窗中拿出了三支手機，放在他的面前。

解析

售貨員與顧客之間的距離，以兩小步的距離最為適合。太近，容易讓消費者產生壓迫感；太遠，不只不容易聽見，也會有疏離感。請顧客進門需要有技巧，在自然的情況下誘導顧客進到店裡，而不是一開口就要對方進門消費。

適時奉上一杯茶，也是讓顧客留在店裡的一個技巧。

很多時候，常可看到店裡所有的售貨員各自都有接待的顧客，此時，又有新顧客上門，但卻沒有多餘的人手能夠接待，這時候，售貨員應該禮貌地請消費者稍微等待，並遞上一杯茶水，藉以留住顧客。

店家送上茶水的用意不只是單純的招待，而是藉這杯茶水，緩和一下消費者等待的情緒，使顧客不至於馬上離開。

「先生，請問您貴姓？」

「我姓林。」

店員在桌上鋪了一張深藍色的絨布，手機放在絨布上，更顯得豪華亮麗。

「林先生，您說的這款手機，是目前市面上最新的，請問您是從哪裡得到資訊，知道有這款手機呢？」

「我是在車上聽廣播節目介紹的！」

「您在車上聽廣播的時間比較多嗎？您是做什麼工作呀？」

「我是業務經理，開車無聊的時候就聽聽廣播，打發時間囉！」林先生微微笑。

解析

很多商店，都只是習慣將商品放在玻璃櫃上做說明，忽略了將該商品與其他商品做區隔化的重要性。將商品擺放在玻璃櫥窗上介紹時，不僅顧客的注意力不容易集中，而且也極有可能在無意之中，看到玻璃櫃下的其他商品，忽略店員的介紹。

這位店員技巧性的在商品底下鋪了一層絨布，其用意在於藉著絨布的質感，突顯商品的高貴，這也很成功的誘導了消費者，將他所有注意力停留在這項商品。

詢問消費者在何處得知商品資訊，或是在什麼情況下知道我們這家店，對於日後的行銷有著非常大的幫助。經統計資料顯示，知道消費者以何種方式得知商品訊息，往後在宣傳中，加強這一方面的廣告費用，以達到事半功倍的效果。

當然，如果你經費充裕，有足夠的金錢做亂槍打鳥式的廣告，並不反對！了解顧客的職業，可讓店家站在顧客的立場，加上專業知識與對商品的了解，建議最符合需求的商品，而不是強力推銷利潤最好的產品。能夠取得顧客對你的絕對信賴，才是商店能夠永續經營的原動力。

「林先生，您是不是到過我們店裡，上次好像是您太太的手機無法接聽電話！」

「妳記性眞好呀，那是兩個多月前的事情了，妳還記得喔？眞不簡單呢！」林先生驚訝地說。

「有一點印象，林先生，你太太的手機，目前使用上沒有問題了吧！」

「嗯！沒再聽說不能接聽了。」

頓時，林先生覺得這家店還記得他眞是不容易，實在佩服這位店員的好記性，也鬆懈了些許防衛心理。

解析

小商店之所以能夠讓顧客願意來此消費的其中一個原因，在於它的親切感。只要店家能夠用心的記下顧客資料，當顧客下次再來店裡消費時，親切的幾句寒暄，就足以拉近與顧客之間的距離，使該位顧客成為你的基本客戶。

這位店員能夠清楚記得林先生來過店裡、做過什麼服務，則要歸於她敬業認真的態度，和店裡攝影機發揮的功用。

這家店將店員與每一位消費者間的互動，用攝影機詳實記錄下來，希望藉由攝影機，察知店員有哪些缺失需要改進、再加強，並對顧客所提出的問題做明確記錄，也在審視影帶的同時，再記住顧客的長相。

「林先生，這是E-mail，您看一下。」店員三兩下就出E-mail的功能，並拿給他。

林先生看著這一支手機的同時，店員動作俐落地又將另外那兩支手機的E-mail功能也一併按出，擺在桌上供他比較。

「小姐，以妳的經驗，這幾支手機，哪支使用上比較方便？各有什麼功能？」

店員口頭爲林先生做了這三支手機的基本功能介紹後，拿出了某報消費版的剪報和部分雜誌與電訊公司提供的書面資料，遞給林先生。

「林先生，這些手機資料，裡面有消費者使用後的反應，以及最近新上市的手機簡介，都有詳盡的記載與比較，您可以參考一下。」

林先生接過店員手中的資料，大略看了一下，這裡面的資料，有些林先生是看過的。這位店員如此用心，對於他選購一支適合的手機，有很大幫助的。

解析

對商品的操作能否得心應手，在於售貨員平時是否用心瞭解商品的每一項功能。面對客戶的提問，是否有充裕知識來解答消費者的問題，這些都關係著商店形象的建立與是否在此消費。

借助具有公信力的第三者，以其客觀言論與詳細資料，加強自己對顧客解說內容的可信度。讓顧客清楚瞭解，你的專業推薦都是有根據的。在雜誌或是公司所提供的專業刊物中，將相關訊息資料記錄、收集下來，並適時的提供顧客做參考，是一位出色的售貨員所必備的敬業精神。

「林先生，您有投資股票嗎？」

「有投資一些！」

「這一款手機，它的功能除了可以接受E-mail之外，還提供您即時股價的專業金融分析，讓您隨時掌握股票資訊，而且，它還有PDA數位秘書的功能，可以隨時提醒您所預定的行程，使您在商務處理上更得心應手，不至於忽略與顧客會面的時間。」

「現在科技進步真快，手機已經進步到可以隨時接收股價資訊了喔！」林先生拿起手機說。

解析

能夠在談話之中，瞭解消費者需求的售貨員，愈能夠以顧客的立場推薦最適合的商品。在上述的對話裡，店員知道林先生有投資股票的習慣，進而介紹可以利用手機來查詢股價的機種，引起了林先生高度的興趣。

店員對於顧客的需要，可經由顧客的興趣與工作內容得知，這種銷售方式，不僅成交機率大幅提升，顧客也能確實買到實用商品。

「它的功能還不只這些，還可以當數位相機使用，內建的小畫家還能讓您修改照片。GPRS三頻全球通訊，讓您出差、出國旅行時，每個角落都能無線上網。而無聊的時候，內建十種遊戲，讓您可以打發時間！」店員滔滔不絕地繼續說。

「林先生，您也很喜歡聽音樂吧，這一款的手機也有MP3功能，開車無聊時，可以將它外接在您的汽車音響上面播放出來聽，音質也不錯喔！」

店員看林先生靜靜的聽著，於是再以著充滿自信且音量適中的語調繼續推薦。

「這款手機對於您的業務上也十分有幫助，還可以當錄音機使用，而且錄音的時間非常長，可連續錄音達到三小時之久。相信您接恰生意時，如果有這一款能夠錄音兼照相的手機協助，必定能夠接下更多的生意。」

林先生在店員詳細的解說下，對這款手機產生了濃厚興趣。

「它待機時間多久？我常常會忘了充電。」

「待機狀態是80—120小時，通話則是120—210分鐘之間。應該夠您使用！」

解析

詳盡的商品介紹，並適時暗示若擁有此項商品能帶來哪些便利和趣味，讓顧客藉由聯想來提高購買商品的意願。

若顧客不清楚買了這項商品後，對他的生活能夠帶來什麼意義時，優秀的售貨員應立即引導顧客作聯想，想像他擁有了這項商品之後的美好畫面。

「這一支手機，如果不搭配門號要多少錢呢？」林先生確實喜歡這款質感不錯的手機。

「訂價是21000元，給您折扣後的價錢是19500元。」

「這款手機要這麼貴喔！」

「價格跟一般手機相比，的確高了一點，不過若是將它的功能跟價錢做衡量，確實是滿合理、划算的。」

解析

顧客認定價格偏貴時，並不會真的否定開出的價格，而是他對店家的誠信尚未建立足夠信心的一種自我防禦心理。也就是藉由殺價動作，換取更多與售貨員談判的籌碼。

相信沒有任何一位商店的售貨人員，沒遇過殺價的情形。當顧客開口向你殺價時，不要急著否定顧客的話，應了解顧客願意購買的價格是多少，再針對顧客提出的價格於以說明。當然，商店必須有合理的銷售原則和利潤空間，但顧客關心的，卻只是商店的售後服務和不買到貴的商品，被當做冤大頭而已。知道了顧客的購物心理後，對於漫天開價的客人，就不會再無所適從、不知該如何應對。

「這一台手機還有三十二種來電和弦鈴聲供選擇，當手機一響時，不會發生和大家的響聲一樣的窘境。此外，它的圖像觸控式螢幕，支援手寫書入的功能，是很人性化的設計，能夠讓您在使用時更加方便。」店員持續說道。

「功能是還不錯，不過價格似乎偏高呢！有沒有稍微便宜一點的呢？」

「有的，林先生您也可以考慮另外這一支手機。」店員拿起了另一支手機。

「這一支手機的特色，是擁有超強的記憶空間，能儲存上千筆連絡人的資料，對您輸入客戶資料有非常大的幫助。而且這是一款結合微軟作業平台的智慧型手機，不僅可瀏覽office的文件資料，還可進行聲控撥號，外接記憶卡擴充RS-MMC插槽。」

店員注意到了當她爲林先生介紹這一款手機時，林先生的眼睛依舊停留在之前那一款手機上面，似乎對她現在介紹的手機，不感興趣。

解析

此時顧客的心理狀態，進入了商品與價格的比較期，他會想再看看其他商品。這動作並不是已徹底地排斥之前那項商品，而是希望藉由更多的比較來確定自己的決定是否正確。

顧客試圖再經由詳細比較，找到擁有同功能，但價格低一點的商品，或是同樣價格，功能多一點的商品。

精明的售貨員，應該在此時明確洞悉出顧客真正的喜好在哪。是真的想再選擇其他商品，還是藉由與其他商品的比較，來肯定自己的選擇的確不錯。搞不清楚消費者真正意思、不知道顧客在想什麼的售貨員，很難將商品順利推銷出去！

當發現顧客進入比較期時，不妨注意顧客的眼睛，停留在哪項商品上，或者顧客此時所提出的問題是否依舊離不開之前那項商品。如果消費者一直繞著前項商品的功能做提問，售貨員可以很肯定的知道，顧客想做最後確定。此時，向顧客再一次強調、肯定商品特色，可消除消費者心中的疑慮。

若是顧客不再提及該項商品時，售貨員應馬上為顧客介紹其他適合商品，而不是一昧死腦筋地硬推銷。

店員看在眼裡，順勢又把話題拉回到林先生原先中意的手機上。

「一個確實能生活上帶來方便與實用性的商品，值得花多一點錢購買。與其多花一點錢，買一支不會後悔的手機，總比買一支不是很喜歡的手機，用沒多久又換掉，還來得划算！」

「您有投資股票市場，這手機能讓你隨時掌握股價，不致於在忙碌之中錯失了機會。」

林先生心想，這確實是另一個好處，於是喝了一口茶。

「價錢方面能不能再算便宜一點嗎？18500元？」

「林先生，我們店裡的商品，都以最低價格賣給顧客。在我們這裡買東西，不會因爲沒有殺價而買貴，這一點請您放心！」

「眞的不能便宜一點嗎？」

「給我們一些的合理利潤，讓我們將來爲您做更完善的服務，您會覺得在我們店裡買東西是最正確的選擇。」

解析

售貨員應該要會主導整個交易過程的安排，對於顧客可能會在什麼時候提出什麼樣的問題，以及該如何應對，都要有一套周詳的規劃。

表面上，顧客是處於主動提問的一方，實際上，售貨員才是主導整個交易過程的推手。這就是為什麼，有經驗的售貨員總能在與顧客接觸的過程中，將一筆筆交易順利完成。

「林先生，現在還有一項特別優惠方案。當您買了手機後，在一個月期間，您可以用訂價八五折的價格，選購第二支同廠牌的手機，這是您的權益。」

「林先生是否考慮送一支新手機給林太太當禮物呢？」店員補充說。

「只限定同樣這一款的手機嗎？」

「只要跟您購買的手機同廠牌都可以，並沒限定同一個款式。」

經由店員提醒，林先生想起太太這陣子曾向他提過螢幕字太小，有些老花眼，看電話號碼確實有些吃力，況且太太的生日是下個月，不妨買一支手機送她當生日禮物！

解析

聰明的售貨員懂得在成交第一筆生意時，順勢柔性推銷第二項商品！有推銷，就有一半成交的機會，不嘗試再推銷，你永遠只能賣出一件商品。柔性推銷，重點在於引發消費者的聯想，藉由售貨員暗示，讓消費者做該方向的思考。

這種引領消費者做自我思考的模式，常見於某些江湖術士口中，如某人愁眉不展地請他算命，其必以「你最近會遇上一些不如意的事！」來誘導顧客往不如意的負面情緒去思考，以符合算命先生說話的邏輯，繼而肯定算命先生接下來的預言。

售貨員也可將這套思考模式，套用在銷售賣場上——以暗示，讓消費者做思考。當消費者想到可以將某項商品送給誰，或是再為自己增添便利性時，便不會在心裡認定這是售貨員的推銷所致，而認為確實有這個必要購買。

「這個廠牌的手機還有哪幾種款式呢？我太太的手機不需要有上網功能。」

店員拿出了同廠牌的另外三支手機。

「這三支手機各有特色，價格也不一樣，白色這款比較陽春，如果林太太不常使用手機，這一款就可以了！」

「玫瑰色這一款很適合女性朋友使用，著重外觀設計與輕巧造型，是暢銷機種。」店員又換了另一支手機說。

「至於這一款手機，有很強的照相功能，如果林太太看到了什麼精彩畫面，可以隨時拍下來傳給您呢！夫妻間的感情會變得更好喔。」店員俏皮的說著。

在店員詳盡解說下，並詢問價格後，林先生決定買第三支有照相功能的手機，當作太太的生日禮物。

「林先生和太太的感情很好喔，會在太太生日時送禮物祝福，可見您是一位相當浪漫的人喔！」

林先生笑一笑說：「要不是妳提醒、建議，我還眞的忘記我太太下個月過生日！」

解析

在這一段談話之中，我們了解店家提供充裕商品供顧客選擇的必要性。商品種類不齊全，顧客有可能在無可選擇的情形下，到別家店尋求其他商品。

售貨員拿出了高、中、低三種不同價格的產品讓顧客選擇的用意，在於能夠迅速又明確的了解顧客的購物傾向。有些人是以價格高低做為購買的依據，也有部份顧客是以商品的特色做為購物的考量。

每位顧客的思考邏輯都不一樣，售貨員應該要有敏銳的判斷力，冷靜且客觀的從和顧客談話中，做出判斷，並知道顧客選購商品的考慮因素，才能依照顧客的消費習慣，為他推薦滿意的商品。

「這款手機有什麼贈品嗎？有沒有送電池呢？」

「林先生，DM上面都有標示這款手機附的所有配件，另外公司爲了感謝您的惠顧，再送您一張紀念版的電話卡，很有收藏價值！」店員指著傳單上的文字，接著店員從櫥窗中拿出三支同型號的手機。

「林先生，請問您希望爲太太選擇什麼樣的手機顏色？有紅色、白色、黑色三款供選擇。」

解析

所有交給顧客的商品，店員都要當著顧客的面做最後一次清點。清點商品，並測試其完整性讓顧客看，以避免日後的糾紛，或不至於商品發生缺少、故障、破損等現象，進而要求退貨、退錢。

清點對店家而言，還有一項好處，經由店員清點，若是顧客購買的商品種類較多，也可以一一加以核對，避免因疏忽而造成未結帳的情形發生。

「紅色好了！」

店員將兩支手機的配件當面點交給林先生後，特地又將林先生要送給林太太的手機，做了番精美細緻的包裝。絲質緞帶附上一張生日快樂小卡片，幫林先先生省了包裝的手續。

「林先生，這是我的名片，以後您有任何手機上的問題，都歡迎您隨時打電話給我！」店員將精美小提袋交給林先生時說。

「好的！以後我的手機有任何問題，就要麻煩妳囉。」

「不客氣，這是我們應該做的！方便的話，麻煩您留下基本資料，以後如果有促銷活動，或是您手機有問題時，我們都可替您做最快速的服務。」

解析

顧客的基本資料是店家最大的可運用資源，好好應用這筆基本資料，並將其做無限的商機延伸。從最基本的生日賀卡寄送、週年慶廣告函，到使用滿意度的回函調查……將其作統計，藉由這些統計資料，店家可以詳細區分出顧客的性別、年齡、職業、居住地、購買種類、金額、來店時間、付款方式、喜好等等。

甚至可在資料背面寫下售貨員與顧客在交易過程中的談話內容，以加速顧客下次來店時，售貨員快速回憶的工具，拉近與顧客間的距離。

客戶資料不是店家的累贅，也不是店家的歷史包袱，更不是阻礙商店進步的絆腳石。它是店家與顧客溝通的一道重要橋樑，好好運用並發揮其效力，它將會是讓店家晉升為成功商店的階梯。

設計精美的名片，往往能發揮很大的宣傳效果。經常使用名片的業者，不妨請專業的美工人員為你設計一張能表達出個人形象的專屬名片。多花這一點錢是值得的，讓今後接過你名片的人，捨不得丟棄你的名片！

「林先生您是開車來的嗎？車子停在哪裡呢？」當林先生起身時店員問。

「妳們這裡停車很不方便，我車子就停在前面的忠孝停車場。」

「請您稍等一下，我們這裡有忠孝停車場的停車費抵用券，您停幾小時了？需要幾張？」店員這麼說著。

這眞是一家很窩心的商店。林先生拿了兩張停車券要離開，此時，天空卻飄下細雨。

「這把傘您先拿去，到停車場開車後再送來還我，我在店門口等您，您不用再下車還雨傘了。記得您下次來時，若找不到停車位，在門口打個電話給我們，我們會馬上爲您服務。」店員不忘提醒。

解析

店家應該主動尋求能為消費者服務的機會。店家一個貼心的小動作，就能讓顧客感受到倍受重視，繼而為這家店營造出親切和善的感覺。

位處鬧區的店家，通常會有停車的問題。利用附近就有的停車場，提供消費顧客免費停車的停車券，讓顧客感受到店家處處為他們設想的貼心服務。就算顧客停了兩小時，店家花費了一百多元，仍能夠輕易拉攏了顧客的心，以投資報酬率計算，划得來。

如果顧客需要的只是快速交易，留下名片的動作可以告訴顧客，隨時可打電話過來為他服務！這一句親切的提醒，不只顧客捨不得將店員給的名片丟掉，更將這張名片，收藏在皮夾裡。

三天後，林先生接到了店員的來電，店員親切詢問在手機的操作使用上，是否遇到什麼麻煩，她願意再做詳盡的解說。此時，林先生不只滿意商品的實用性，更信任了這家商店的服務態度。

解析

店家與顧客之間的關係，並不是在顧客付完錢、取貨回家之後，就像斷了線的風箏一般，完全沒了連繫。懂得經營的店家都該有一個清楚的認知——商品使用滿意度與售後服務，才是顧客是否願意繼續光臨的關鍵。

對於某些使用上稍具技術性的商品，店家如果能在商品售出後的日子裡，撥個電話或是發一封E-mail給顧客，詢問是否有使用上的問題，不僅能加深顧客對店家的好印象，也為下一次的交易留下完美的伏筆！

主動關懷顧客的行銷觀念，也漸漸被一些醫院診所應用在患者身上。醫院會在病患就診隔天，或極短的時間裡，打電話問候患者目前的健康情形，並不忘叮嚀要遵從醫師的囑咐按時吃藥。想想，醫院都如此用心了，我們又怎能不認真努力呢！

第六回

黑幕大曝光

防人之心不可無，社會上還是存在那些手腳不乾淨，處心積慮找機會想趁機訛詐他人錢財的不肖人士。

生意人規規矩矩做生意，除了賺取該得的利潤之外，誠心誠意對待每位顧客、絕對信任顧客操守，是每位經營者所具備的基本道德修養。

然而，「防人之心不可無」，不諱言，社會上還是存在些手腳不乾淨，處心積慮找機會想趁機訛詐他人錢財的不肖人士。

這些心術不正的歹徒，隨時有可能出現在你我身邊見縫插針，奪去了你我每天辛辛苦苦掙得的血汗錢。受害者，輕者自我安慰，破財消災、自認財去人安樂、上一次當學一次乖，期盼將來不要再犯相同的錯誤。重則遭致血光之災、傷痕累累，身心上留下一道道不可抹滅的傷疤。

大家都不希望在悲慘的經驗中才學到教訓，何不學習如何防患未然？先有了防備之心，若是日後碰到類似情形，也免得吃虧上當後，再來懊悔沮喪。

喜事變調

張太太開著一家中小型的超商，由於待客親切，張太太都會習慣性地和附近民眾聊上幾句。所以在這個社區裡，張太太店裡的生意可算是不錯。

某日，店門口停了一輛黑色轎車，車裡下來了兩位胸前各別朵鮮艷大紅花、西裝筆挺的年輕人，一看似乎就是要參加喜筵。

「叫你辦這點事都辦不好！如果這裡買不到香菸的話，待會客人來了，沒有香菸請他們抽，看你怎麼辦？」其中一個開口向另一位抱怨。

「不就只剩下香菸忘了買，緊張什麼！」被數落的年輕人，悻悻然的回答。

走在前面的那個人，回頭瞪了他一下，顯然不太高興與他還在爲自己的疏失找藉口。

「老闆，你這裡有大衛度夫的香菸嗎？我要兩箱！」那稍爲有點胖胖的年輕人開口。

「兩箱喔，可能不夠，你們買這麼多做什麼呀？」張太太笑臉迎人，雖然這麼問，但心裡面似乎也感覺得到對方回答的答案是什麼。

「我叔叔今天娶媳婦，客人等一下就要來了，現在才發現香菸都沒買，只好趕快出來看看能買多少算多少。」那胖胖的年輕人說。

「不夠兩箱耶，別種牌子的，可以嗎？」張太太看了庫存量說。

「阿德！這裡沒有那麼多，我看我們趕快到別家店再找找看，時間快來不及了呢。」

「去別家店就一定有嗎？」

張太太看著他倆一搭一唱，心想雖然自己的大衛度夫存貨沒那麼多，但他們一次全買掉，可是一筆不小的金額，所以著實希望這筆生意不要泡湯了。

「我打個電話給叔叔，問看看別種牌子可以嗎？」阿德拿起手機喃喃自語，就逕自撥著號碼，朝外頭走出去。

張太太遞了根香菸給還留在店裡的年輕人：「少年仔，抽根菸等一下。」那青年接過菸，於是張太太熱心的幫他點了火。

「少年仔，你貴姓呀？」

「人家都叫我小漢仔！」他將口中的菸吐了出來說。

「小漢仔，這個名字還挺有趣的呢。」張太太笑著說。

「哎……他們什麼都不做，就只會出一張嘴，什麼都要我去做，我一個人哪能做那麼多事，現在也只不過忘了買香菸，就說我辦事不力。」小漢仔大吐苦水。

阿德走進來，邊說邊將手機放入腰間，顯然剛講完電話。

「老闆，時間來不及了，女方現在都已經到了，這樣好了，你店裡面有多少香菸，什麼牌子都可以，幫我湊足兩箱，立刻幫我們送過去，去那裡錢馬上付給你！」

阿德口述著地址告訴張太太。

「請問，這個地址又是巷又是弄的，要怎麼走呀？」張太太一臉茫然的問阿德。

「不然叫老闆娘跟著我們車子好了，免得找不到路，擔擱了時間。」

「看來你也有聰明的時候喔！」阿德輕輕的拍了一下小漢仔的肩膀。

張太太迅速的將店裡面的香菸裝進了紙箱，用計算機核算了總金額後，在阿德的催促下，匆匆的將香菸綑綁在機車後座，隨著阿德的車後，三彎四拐地到了一個社區。

「到了！」阿德在路口停下車，走過來向張太太說。

張太太看著前面那一戶人家，確實正在辦喜事。

「這些香菸要放哪裡？我搬過去。」

「叫小漢仔搬就好，老闆娘，你到裡面坐一下，這裡總共多少錢，我進去拿給你。」阿德說。

「你把這兩箱香菸搬去裡面。」阿德向小漢仔說。

「你算一算這裡總共多少錢？」阿德轉身問老闆娘。

「你等一下，我去拿錢。」張太太表明總金額後，阿德轉身說。

張太太看著今晚所擺設的宴席桌數，感覺這家的主人平時交友一定相當廣闊，四十幾桌客人可不少呢。

張太太看了下手錶，心裡不由得開始納悶，怎麼在這裡等了都快二十分鐘了，阿德還沒拿錢過來呢？望著那些來來往往的賓客，偏偏就是見不到阿德和小漢仔的身影。

「對不起，請問阿德在哪裡？我等著收錢後，還要趕回店裡去工作呢！」

張太太起身走入那正辦喜事的人家後，向著一位穿西裝的中年男子開口問。

「請問，你說哪一位阿德，你要收什麼錢呢？」中年男子一臉狐疑，隨即問她。

張太太將拿在手上的收據遞給那男子。

「他們買了兩大箱的香菸，說是你們這裡結婚要用的，他要我跟著他們後面把香菸送過來。剛剛阿德叫我在外面等一下，他要進來拿錢給我。我已經在外面等了二十幾分鐘了呢！」

「這位太太，你會不會搞錯了？我們這裡沒訂香菸，也沒有一個叫做阿德的人呀！」

瞬間，張太太似乎都已經非常明白發生什麼事了，只是太不甘心就這麼受騙，依舊不死心的再問那男子。

「那……這裡有沒有一個叫小漢仔，他說，他叫你叔叔！差不多……有這麼高，臉上這邊有一顆痣。」張太太一邊說一邊比著小漢仔的身高。

「我覺得，你現在最妥當的處理方式，應該是去警察局報案，把那倆個騙你香菸的歹徒，詳細特徵告訴警察，看看警方是否能幫你把他們揪出來，減少你的損失。」

問題解析

歹徒利用所要購買之數量、金額都頗為龐大的誘因，讓店家先行上鉤，再以緊迫時間催促，讓你沒辦法冷靜思考、進一步求證，繼而掉入他們所設的陷阱之中，這是詐騙集團常用的技倆之一。

張太太之所以受騙上當，絕不是起因於貪念，而是失去了警覺性。做生意，哪有客人上門買東西卻不賣的道理，只是張太太忽略了交貨與收錢，這整個過程的技巧，在拿捏失當的情形下損失了一筆金錢。

當陌生人來我們店裡訂貨、要求店家將貨物送去指定地點之後再付清餘款時，最妥當的處理方式是：店家方面應該是兩個人一起前去較為合適。當遇到需要離開貨品，到另一個地方請款時，一人負責看管貨品，另一人則去收貨款，方能確保商品的安全。

倘若只有一個人前往送貨之時，遇到上敘情況，則要堅持讓貨品不離開自己視線，以免讓歹徒有可乘之機。感覺瞄頭不對時，寧可東西不賣，也不要平白招致損失。

阿德與小漢仔，犯下了刑法第32章、第339條（普通詐欺罪）。意圖為自己或第三人不法之所有，以詐術使人將本人或第三人之物交付者，處五年以下有期徒刑、拘役或科或併科一千元以下罰金。

以前項方法得財產上不法之利益或使第三人得之者，亦同。前二項之未遂犯罰之。

便宜的下場？

小珍大學畢業之後，靠著多年來寒暑假打工所存的一點錢，再標個會，並向銀行申請了小額創業貸款，終於實現了從小就夢想開一家服裝店的夢想。

快到了打烊時間，門鈴「叮咚！」一聲，一個擰著大包包的女子推開門走了進來。那女子先向小珍禮貌性的點了點頭。

「小姐，妳好！請問老闆在嗎？」

「我就是！請問有什麼事嗎？」小珍從椅子上站起來走向那女子。

「妳好，事情是這樣的，我本來跟男朋友合夥開了一家服裝店，生意原本還不錯，收入也還算穩定！哪知道他背著我去賭博，賭輸之後還向地下錢莊借了錢。」那女子說話帶點哽咽。

「如今，地下錢莊的人每天都到店裡來大呼小叫，逼著我們快點還錢，否則就要對我們不利！不得已，我只好把店裡面的衣服都拿出來，隨便妳出個價錢我就賣，好把這筆錢還給地下錢莊。希望老闆妳能夠幫助我」那女子說得楚楚可憐，連小珍也不禁同情起她遇人不淑的遭遇。

「要怎麼稱呼妳呢？」小珍挪過一把椅子示意她坐下來。

「我叫做麗美！」女子坐著後說。

那叫做麗美的女子，一邊說一邊將大包包打開：「這裡是我店裡的一部份衣服，我車子停在外面，裡頭還很多款式，我去拿進來給妳看。」說完話便逕自推開門出去。

小珍拿起其中一件衣服前後看，這衣服不論是款式與車工甚至質料，都是一流，就連品牌也是走專櫃高檔路線。

麗美又提了兩大包的衣服走進來，這回旁邊跟著一位個頭小小的男子，手上也捧著一大箱衣服。那男子進門，把紙箱放下之後就出去了，並沒有說話。

但小珍卻覺得他賊頭賊腦，一雙眼睛在店裡面飄來飄去，似乎在打量著什麼。雖然接觸不到一分鐘的時間，但卻對他留下不好印象。爲什麼？小珍一時之間也說不明白。

「妳看，這些衣服都很漂亮。要不是急需用錢，我們還捨不得賣呢！」麗美從另一個包包中挑出了一件衣服拿給小珍。

小珍也不答腔，就在衣服堆裡翻弄著。這些衣服不僅她剛才看的那件，就連之後再搬進來的衣服，每一件眞是高檔貨。

「小姐，妳的店開在哪裡呀？」小珍看著衣服順口問。

「我……我店開在台中。」

這不經意的一問，麗美顯然沒有心理準備，愣了一下才開口。

「台中？店開在台中，何必大老遠的一趟路，從台中跑到台北來賣這些衣服？在台中不可以賣嗎？」小珍有些訝異的問。

「在台中賣怕遇見熟人，不好意思！」麗美有點膽怯。

「妳這些衣服品質不錯，車線都有包布邊，不是用拷克掃過的，應該是走專櫃路線的吧。」

那女子點了點頭。

「這件應該是今年秋冬最新的款式，妳當時的進價是多少？這些衣服不能退回給公司處理嗎？」

「已經忘記當時進貨價是多少了！」麗美有點答非所問。

「怎麼這件衣服的吊牌不見了？」小珍將其中一件衣服翻來翻去，就是找不到那吊牌。

「吊牌可能掉在車子裡面吧！」麗美有點不之所措。

門外，那男子一直踱來踱去、耐不住性子地走進門，向麗美使了一個眼色，似乎是叫她快一點。將一切看在眼裡的小珍，只覺得怪怪的，但哪裡怪？

又說不上來。

「小姐，妳看這些衣服喜不喜歡，喜歡的話，一句話，七萬塊錢，全部賣給妳！」麗美站起來說。

小珍心想：這些衣服全部只要賣七萬塊？未免也太便宜了吧！若向公司批貨，少說也要二十幾萬吧！但是店裡面若是多了這些衣服，一定會讓顧客驚喜，如果能多賣個幾件，就可以很快的回本了。

「要不要，七萬塊！」

麗美聲音急躁，催促著小珍趕快做決定，同時也將小珍的思緒拉回到現實生活裡。

小珍一時竟不知該怎樣回答，總覺得整件事情有些蹊蹺，只是還想不出究竟是哪裡讓她直覺「這件事並不單純，其中一定有問題！」

忽然間，小珍眼睛爲之一亮，她想到了一個非常嚴重的後果。

「小姐，冒昧的問妳一個問題，妳這些衣服的來源，有沒有問題呀！」

麗美顯然的沒料到小珍會問她這個問題。瞬間，在她那稍顯稚嫩的臉龐上，劃過一絲驚恐的表情，看得出來，她爲了掩飾自己的恐懼，勉強擠出一點笑容。

「來源沒問題啦，妳放心！就算這些東西眞的是我偷來的，到時候，大不了妳把衣服還給人家，不就沒事了！那　五萬就好，不會有事的，妳放心！」

小珍的一句話，似乎正像一柄鋒利的七首，直接就刺入了麗美的要害，以至於麗美在毫無準備的情況下，怯生生的說。

麗美似乎也看的出來，小珍所顧慮的事情是什麼，又道：

「眞的不會有事的，頂多，我們把衣服還給他們就沒事了。這期間，妳如果把衣服都賣掉了，他們也找不到，怕什麼！」

麗美這番話，似乎間接承認這批衣服的來源確實有問題。

在她不斷的慫恿下，小珍正考驗著自己的良知，雖然她的心裡面，已經知道這批貨是偷來的。偷衣服的小偷，應該就是剛才那個看起來鬼鬼祟祟的男子，難怪自己從一開始就看他不順眼。

「不會有事的，頂多把衣服還給他們就沒事了！就算有事，頂多把衣服還給他們就沒事了！」

面對誘惑，小珍心裡十分的掙扎。她也曾想過那失竊的店家該怎麼辦？如果買了這些衣服，他們是否會找到這裡來？要不要斷然拒絕買這些衣服？

然而，在短暫的良心譴責後，她想著這些低於市價好幾成的衣服，轉手之間，馬上就能爲她帶來一筆相當可觀的利潤。不僅下個月的房租有著落了，就連那輛多年的摩托車也有機會汰換掉。

在未能清楚瞭解法律規範與自我安慰、催眠的情況下，小珍終於說服了自己的良知，付了五萬元買下了那些衣服！而這也正是她惡夢的開始。

約略三個星期過後的下午，門口停了兩輛警車，後面緊跟著一輛寫著「台北市地檢處偵防車」的黑色房車。起初小珍看到警察尚且不以爲意，待看到了從警車中，被警察帶出來的那一對男女，小珍心頭不由自主的打了一個寒顫。

那倆個人不正是前陣子賣衣服給她的那倆人嗎？怎麼都被警方押解著，還戴上了手銬。帶頭那個穿中山裝的，看了小珍這家店後，低下頭比對著手上的卷宗，又跟那個被警察架住的男子說了些話，似乎在確定一些事情，接著他們緩緩的走進來，小珍有一種很不好的預感。

管區警員先推開門，讓那位穿著中山裝的男子走進來。男子一進門後，便從公事包裡拿出一張搜索票給小珍。

「小姐，請問這家店的負責人在嗎？我是台北市地地檢署的檢察官，這是搜索票，我們是來調查一件竊盜案件的。」

「我就是負責人，請問是什麼竊盜案件。」小珍唯唯諾諾的說。

檢察官轉過頭示意警察將外面那倆個人帶進來。

「這倆個人妳認識嗎？」

「他們前一陣子晚上有來過。」

「這倆個人涉嫌多起的竊盜案，他們說曾經把一部份的衣服賣給妳，是否有這回事？」檢察官不急不徐。

小珍慌張起來了，面對這麼大的陣仗，她的心裡怦怦跳的點點頭。

「我是跟他們買過衣服。」

「那些衣服現在在哪裡，我們必須把它帶回去當證物。妳要自己拿出來，還是要我們進行搜索？」

檢察官說話語氣雖然平和，但看著小珍時，眼神卻銳利，似乎看穿了她心底想著什麼。小珍走進裡面的倉庫，從隔間中拿出了一大箱衣服，也許是處在極度緊張的狀態下，小珍將那些衣服搬出來時，還差點摔了一跤，以至於衣服灑了一地，檢察官倒也滿熱心地幫她撿衣服。

「那天晚上買的衣服都在這裡。」搬了兩趟後，小珍用手壓住胸口氣喘噓噓的說。

檢察官揮手叫來兩名警察，命令他們將這兩大箱的衣服、貼上封條搬上偵防車，同時低著頭在寫一些文件。

「是不是，我把衣服還給他們，我就沒事了？」小珍問。

「小姐，妳已經犯了收購贓物罪了，最近我們會傳喚妳出庭應訊。依法，會將妳提起公訴，由法院視妳犯案情節之輕重再做進一步的裁決。」檢察官抬起頭，推了一下鼻樑上的眼鏡說。

「是不是，我把衣服還給他們，就沒事了？」

「是誰告訴妳衣服還了就沒事的！」檢察官笑笑。

小珍用顫抖的手，指著那一個女子。

「她說的！她說衣服還人家就沒事了！是不是眞的？」

「事情有這麼簡單嗎？妳被他們騙了。」檢察官聽了不禁搖搖頭。

問題解析

從上述故事中，可以很明顯的知道，小珍將因為一時的貪念，而吃上了收受贓物的官司。小珍觸犯的法律如下：

根據中華民國刑法（民國94年02月02日修正）第一編、第三四章、第349條記載，收受贓物者，處三年以下有期徒刑、拘役或五百元以下罰金。搬運、寄藏、故買贓物或為牙保者，處五年以下有期徒刑、拘役或科或併科一千元以下罰金。因贓物變得之財物，以贓物論。

至於麗美及她的男朋友，則有可能被檢方依刑法第二十九章之竊盜罪提起公訴，第320條（普通竊盜罪、竊佔罪） 意圖為自己或第三人不法之所有，而竊取他人之動產者，為竊盜罪，處五年以下有期徒刑、拘役或五百元以下罰金。意圖為自己或第三人不法之利益，而竊佔他人之不動產者，依前項之規定處斷。前二項之未遂犯罰之。

第321條規定犯竊盜罪而有左列情形之一者，處六月以上、五年以下有期徒刑：

一 於夜間侵入住宅或有人居住之建築物、船艦或隱匿其內而犯之者。

二 毀越門扇、牆垣或其他安全設備而犯之者。

三 攜帶兇器而犯之者。

四 結夥三人以上而犯之者。

五 乘火災、水災或其他災害之際而犯之者。

六 在車站或埠頭而犯之者。

前項之未遂犯罰之。

另外，依據民國81年07月29日修正之、竊盜犯贓物犯保安處分條例，第2條所規定本條例所稱贓物犯，指收受、搬運、寄藏、故買竊盜犯竊得之動產或為牙保者而言。

本條例所稱法院及檢察官，包括軍事法庭及軍事檢察官。

應執行之刑未達一年以上者，不適用本條例。

第3條十八歲以上之竊盜犯、贓物犯，有左列情形之一者，得於刑之執行前，令入勞動場所強制工作：

一　有犯罪之習慣者。

二　以犯竊盜罪或贓物罪為常業者。

刑法第八十四條第一項之期間，自前項強制工作執行完畢之日起算。但強制工作自應執行之日起經過三年未執行者，自該三年之期間屆滿之日起算。

不僅僅是開店做生意的店家，甚至每位市井小民，對於來路不明，或是售價明顯低廉的商品，都應該提高警覺，警惕自己不因貪小便宜而誤觸法。

由於商店的位址是固定的，常會遇到業務員登門介紹其公司產品。經營者對於低於成本過多的商品，或是未能明確表明爲哪家公司業務人員時，商品進貨與否，應在審愼評斷下方可爲之，切忌冒然獨斷獨行，做出錯誤的決定。然而，店家有時候免不了就眞的會遇上些物超所值的商品，總不能把每個進貨成本比自己低之商品的機會通通往外推、斷然拒絕吧！

關於這個問題，我曾經請教過一位在司法界服務的朋友，他給的意見是：

當我們不確定貨源是否有問題時，進貨前，可以要求他與你同去派出所或法院的簡易法庭備案。在警方及法院所留下的資料中，他必須能夠明確出示個人身分證明及商品來源，或者提出確切的保證，證明這些商品是經由合法程序所取得。

有了這一層的保障之後，就算將來這些商品眞的出了問題，也不至於連累到當初購買的消費者。換個角度來思考，若眞是作姦犯科的歹徒，在做賊心虛的情況下，怎敢和你去派出所或法院自投羅網呢？這個方法的可行性極高，不妨給大家做一個參考。

現金下的秘密

劉禹心接下了周老師所付的貨款，她算了一下，連今天買的這部電腦一起算的話，周老師這兩個月來，已經向他們這家電腦公司買了三台電腦。每一次都是馬上付現金，也從來不殺價，劉禹心覺得周老師眞是一個很好的顧客。

記得周老師第一次來店裡買電腦時，說話時的態度文質彬彬、對人也十分的客氣。據周老師的自我介紹表示；他目前正在一家高中當電腦科的主任，白天除了在學校教書之外，也利用晚上的時間，在家裡教一些學生及社會人士電腦，賺取一點點外快。最近他來店裡買的這幾部電腦，也都是幫同學購買的。

「劉小姐，三萬五對吧！」周老師向劉禹心說。

「謝謝你，周老師，店裡的生意，多虧你的幫忙，謝謝你！」劉禹心滿心歡喜的把錢收進櫃檯。

「沒什麼啦，反正學生他們在我那裡上課之後，需要買電腦時，我也就隨口介紹妳們這家店，沒空親自來買的，就託我幫他買，舉手之勞沒什麼！」周老師淡淡一笑。

「對了，劉小姐，有件事要必須告訴妳。我現在是將家裡的客廳當成教室使用，不過最近報名的學生愈來愈多，實在沒辦法容納下那麼多名學生。前幾天和我太太商量過後，打算開設一家電腦補習班，大致算了一下，約莫需要五十台電腦、以及三十部手提電腦，做爲教學之用。」周老師又說。

「妳幫我估算一下，總共要多少錢？還有，我預計下個月初配合暑假開幕。我知道時間上比較急迫，但開一家電腦補習班一直是我多年來的夢想。」周老師把玩著手上的原子筆邊說。

「劉小姐，請妳訂購電腦時，幫我催一下廠商，請他們快點進貨。我怕時間若是拖太久，我老婆搞不好又要變卦！這個多年來的夢想，可是千辛萬苦、費了九牛二虎之力才說服我太太答應的呢！」周老師滔滔不絕，俏皮的說。

劉禹心聽完了周老師的話後，哈哈大笑。

「周老師，原來你也是妻管嚴喔！哈哈哈……周老師，請問你要買哪一個牌子的電腦呢？要選哪個價位，有初步的預算嗎？」

「價格跟廠牌倒是無所謂，只要下個月能順利交貨就可以了，其餘的、我並沒有特別的要求。」

「周老師，你如果不急著趕回學校上課的話，我現在就打電話給廠商，問看看價錢及出貨時間，也可以馬上就給您報價。」

劉禹心又在周老師的茶杯裡，添了一點冰開水。

「我今天下午都沒課，沒關係，我在這裡等妳好了。」

十幾分鐘後，劉禹心從店裡面的辦公室走出來，手上拿著一份估價單。

「周老師，這是詳細的報價清單，請你過目一下！我剛剛已經向廠商那邊確定過了，他們說下個月要交貨，時間上並沒有問題！」

周老師接過了估價單，簡略的看了一下總金額。

「這個價錢滿合理的，我可以接受！劉小姐，接下來的工作就要麻煩妳囉。請妳務必要在下個月初準時交貨喔，我可不希望補習班開課時，學生都還沒有電腦可用。」

「周老師你放心，廠商方面，我待會會再跟他們做確認。」

劉禹心心裡確實非常高興，這可是一筆數量龐大的生意，想不到周老師這麼的信任她，三言兩語之間就做成了這筆交易。

「周老師，是否可以請你先付個訂金？我好方便做事，盡快向廠商下訂單。」

周老師原本還有著笑容的臉，忽然間收斂了起來。

「訂金？我向你們買了這麼多東西，也都沒有殺價，劉小姐，妳還要向我拿訂金嗎？」周老師口吻微慍。

「也算是臨時決定開補習班的！手邊的現金一時之間沒準備那麼多。下個月我銀行裡有一筆五百萬元的定存就要到期了，到時候我再一次現金付清。妳覺得怎麼樣，可以吧？」周老師看著劉禹心。

劉禹心沉默了，她不知道該怎樣回答周老師的問題，陷入了兩難。這時周老師顯然有點不高興。

「劉小姐，妳怕我將來不付錢嗎？妳考慮看看，如果這麼不信任我，怕我倒帳的話，那我去別家買好了！」說完話之後，周老師做勢要往門外走出去了。

「周老師先別生氣，我不是那個意思！我是在想，如果你不方便先付訂金的話，那麼，我要從哪邊先挪錢給公司當訂金。畢竟，這筆金額超過我們店裡能夠周轉的數目。」劉禹心急忙的向周老師解釋。

周老師在聽完她的解釋後，似乎心裡也有點釋懷。

「其實妳擔心也是有道理的，換成我的話也是。我看，不如這樣好了，等我月底補習班裝潢得差不多時，再請妳們把電腦送過去，到時候我再將錢付給妳，如此一來妳就可以放心了吧！」

「劉小姐，教育部規定在學校任教的老師，不能於私底下幫人家補習，這是違反教育部規定的，妳知道這件事吧！」周老師忽然小聲說。

劉禹心點點頭，表示她知道這個規定。

「老師不能在下班時間兼職，我要開電腦補習班的事，請妳千萬不能張揚，免得督學聽到風聲。妳知道這件事情要是傳出去的話，後果很嚴重……」

周老師沒再繼續往下說下去，但她已經知道周老師要表達的意思。

「周老師妳放心好了，我絕對不會說出去的！」劉禹心拍著胸脯說。

望著周老師離去的背影，劉禹心心中五味雜陳。一方面欣喜自己能夠在短短時間內接下這筆利潤滿豐厚的訂單，另一方面卻又憂心忡忡，要是這個訂單眞的被周老師倒帳的話，她可是要背負一筆龐大債務！

下了班回到家中，劉禹心呆呆的坐在客廳，眼睛雖然看著電視節目，但是整個腦袋裡，還是一直在想著今天在店裡與周老師的談話。猛然，她被突如其來的聲音給嚇了一跳。

「二哥，你幹嘛這麼大聲啦，嚇我一跳！」

「冤枉呀，我叫了妳好幾次了，妳都一點反應也沒有，我才推了妳一下呢！」二哥坐下來說著。「談戀愛了嗎？是哪一個幸運的男生能讓我家小妹想到如此神魂顚倒、失魂落魄！有機會帶他來給二哥瞧一瞧，二哥替妳打分數。」二哥見到禹心終於開口了，話多得像連珠炮似的講不停。

禹心瞪了二哥一個白眼。

「什麼跟什麼啦，哪是在想男朋友，我在煩惱今天店裡面的一筆生意，在想該不該接。哥，你幫我想看看！」

「妳說說看是怎麼一回事，二哥和妳一起研究。」二哥收起了戲謔的笑容道。

於是劉禹心將今天在店裡發生的事，一五一十地告訴了二哥！

二哥聽完禹心的話之後，並沒有立即的給予禹心任何意見，而是在客廳裡踱步，時而閉目沉思，時而看著窗外。半晌，總算開口。

「禹心，我覺得這裡面有問題，我看這筆生意妳還是不要接的好。」

「爲什麼？你覺得哪裡有問題？」禹心睜大了眼睛。

「那位周老師如果要訂這麼大批的貨，開一家電腦補習班，事先一定要經過詳細的規劃，哪像他說的，想開就開。況且，最重要的是他竟然不付訂金，這一點最奇怪，有問題。」

「他不是不付訂金，只是說一切都在籌備階段，他手頭比較緊，等下個月他定存一到，就可以付我現金了！」

「那位他對妳開的價錢，有討價還價嗎？」

「都沒有殺價欸，他說價格十分合理、很滿意，只要求我在下個月能準時交貨就可以了。」禹心開心的說。

「這麼大的一筆金額，他連價都沒有殺、連考慮都不用考慮，當場就做了決定？」二哥有點疑惑，似乎不太相信的問著劉禹心。

「沒錯！周老師在店裡面買過很多部電腦，每一次都沒有殺價。他說我賣的電腦品質好、價格又便宜。在課堂上有機會時，會向學生推薦我們這家店呢！」劉禹心現出驕傲的神情。

「怎樣，你妹妹做生意還不賴吧！」禹心開心的用手肘輕輕撞了一下二哥。

「這麼大筆交易，我覺得妳應該對周老師個人信譽，再做一個深入了解。

並且請他提出有力的擔保，待一切都沒有問題之後再出貨，這對妳來說也比較有保障。」二哥並未因禹心的俏皮話而跟著開玩笑，反而神色凝重的說。

「我已經答應周老師了，下個月要出貨給他呢！哥，周老師在我們店裡的信用一直都很好，也從未有賒帳的記錄，他說只是會慢幾天才付款，我想應該不會有問題的！」禹心聽得出二哥並不同意她做這筆生意，反而有些心急想爲周老師辯白。

禹心雖然非常擔心，但想到若要是收不到貨款那該怎麼辦？另一方面，似乎已經決定要出貨給周老師了！

「早點去休息吧！這件事最好從長計議，二哥當然希望妳做生意能夠多賺一點錢，但可也不想看到妳受騙上當喔！」二哥知道禹心的個性，一旦決定的事情，很難輕易改變。他拿起了遙控器把電視關掉。

劉禹心不致可否的「嗯！」了一聲，也不再回答二哥的話，她的思緒亂成一團，思維糾結在一起、千頭萬緒、心亂如麻，眞是「既期待、又怕受傷害！」

數日後，劉禹心依照周老師給她的補習班地址前往一探究竟。在那一百多坪的房子裡，確實有一些工人在做內部裝潢。外面的大吊車，正試圖將電腦補習班的大招牌吊掛上去。這一切看在劉禹心的眼裡，她安心了！

這天下午，劉禹心指引著大貨車的司機，讓車子開到了補習班門口，周老師就站在這等候著她的到來。

「周老師午安，請問這些電腦要放哪裡？我讓他們把這些電腦放好之後，再請你點收一下。」禹心一個箭步走到周老師前面。

「這些電腦搬到後面的倉庫去，等我前面那邊的教室都整理好了，我再叫人處理就可以了。」

「電腦的數量都對吧！劉小姐。」周老師看著一箱箱尚未拆封的電腦，對著劉禹心繼續說。

「周老師，等一下我們再仔細核對數量，也順便檢查一下這些電腦的品質，我相信，產品方面應該沒有什麼問題。」劉禹心拿著公司的出貨單說。

「劉小姐，只要數量對就好了。這些電腦如果故障，日後也是要再麻煩妳們。」周老師爽朗地笑了一聲。

「當然、當然，沒問題！品質方面若出了問題，是我們的責任，我們會盡全力幫你處理好，這點請周老師放心。」

接著周老師清點了電腦的數量。

「沒錯！桌上型電腦五十台，筆記型電腦三十台，劉小姐，妳到我辦公室坐一下，我已經先叫太太到銀行提領現金過來了。」

「劉小姐，我那筆存了三年的五百萬元定存，本來是下個月才到期的。爲了讓妳安心，還特地去銀行辦了提前解約，光是利息就損失了不少。以後我再向妳們買電腦時，可要給我特別優惠喔。」

「周老師你放心，承蒙你這麼照顧我們的生意，有機會的話，一定會給你特別折扣。」劉禹心充滿了感激。

「怎麼去那麼久，我等一下還要趕回學校開教務會議呢！」周老師看了手錶，嘀咕了一句。

「眞不知道她在做什麼，領個錢領那麼久，妳再等一下，算算時間，應該就快回來了！」周老師不好意思，有些發嘮叨的說。

鈴……鈴……

「喂……什麼？印章不對？我不是跟妳說拿放在左邊抽屜那個印章嗎？叫妳辦一點小事都辦不好，妳知道劉小姐在這裡等多久了嗎？」

「妳跟吳經理說，那筆錢先讓妳領回來，印章我等一下回學校時，再拿過去銀行補蓋，妳現在就問吳經理看看可不可以……嗯！對，我等妳。」

「什麼！不行？一定要我本人拿過去？劉小姐在我們補習班裡，我走不開啦。眞囉嗦欸，妳把電話拿給吳經理，我親自跟他說！」

「吳經理……對呀！也沒忙什麼啦，還不是因爲要開補習班，比較忙啦，所以就沒時間出去打球囉。」

「吳經理，你先讓我太太把錢領回來，我等一下再過去補蓋印章，我這裡有客人正等著收這筆錢，能不能通融一下。」

「你們銀行有時還眞的很不盡人情呢，好吧！我馬上過去，但是吳經理，你叫行員先把手續先辦一辦。我過去只要蓋個章，就要趕快回來把錢交給廠商喔，我可不想讓小姐在補習班等太久，說我沒有信用。」周老師乾笑了一聲。

周老師掛上電話，從辦公桌下拿出了一個大型手提箱，「啪」的一聲打開，裡面滿滿的全部都是千元大鈔。

「劉小姐，這裡面總共有二百多萬元，是要付給妳的貨款，不過還差了一點點。」周老師隔著桌子將手提箱傾斜一擺之後，又將手提箱放進了辦公桌下的抽屜，鎖起來。

「劉小姐，這些錢請妳幫我看著一下，我去銀行蓋個章馬上把錢領回來。我太太印章拿錯了！常跟我一起打球的吳經理，又很死腦筋，不答應我待會再去補章。」周老師很抱歉的說。

「沒關係，我在這裡等一下好了！」

周老師披上外套後，一臉歉意出門。之後，只不過隔了短短的十幾分鐘，屋外傳來一陣嗚嗚作響的警笛聲。門外一群人走進來，而走在最前面那一位，正是劉禹心的二哥。

「二哥，你怎麼在這裡？」劉禹心驚訝地說。

接著她又看到了周老師也在其中，分別被兩位彪形大漢架住臂膀。

「哥，這是怎麼一回事？你怎麼會在這裡？周老師怎麼被警察抓起來呢？」劉禹心驚慌的問。

「還好，多虧警方的幫忙，要不然妳這次還眞的會很慘呢！」

「這位自稱是周老師的人，是我們警方已通緝多時的詐欺犯，這回幸虧妳二哥到警局備案，才讓我們有機會抓到他。」一位警官走到劉禹心旁邊提醒。

「那麼，那些電腦呢？電腦還在補習班裡面嗎？」劉禹心愣了一會兒，即忙回過神問。

「妳放心好了，我們早事先埋伏在補習班後面的倉庫，等他們把妳剛剛卸下來的電腦，又搬上他們事先準備好的卡車上，並和那位周老師一同出發時，我們才將他們一網打盡！」警官笑了笑。

「那……剛才周老師跟銀行經理講電話，還有放在辦公桌下面的那幾百萬現金，又是怎麼一回事了？難道說，那也是騙我的嗎？」劉禹心不可置信。

警官走到辦公桌旁，將那手提箱取出來打開。

「周老師呀，看來你又多了一項使用僞鈔的罪名囉。」警官大笑說。

「二哥，謝謝你！謝謝你！」

劉禹心「哇」的一聲哭了出來，奔向二哥的懷裡，哽咽抽搐。

問題解析

這是一件計畫周詳的詐騙案，受害者往往要到最後一刻才知道受騙上當。歹徒對於大筆金額的詐騙，通常使用放長線釣大魚的方式。初期，先建立你對他的絕對信任，等到你戒心消失之際，也就是他們準備行動的開始。

以詐術騙取別人錢財的歹徒，通常也都是心理學上的高手，他們懂得利用人性弱點，知道在何時、何地，用什麼方法來加深並建立受害者對他的好感。

在上述事件中，周老師於短期內，以密集的方式，持續在這家電腦公司購物。價格上不僅不予以殺價，更描繪一個，要學生到此處購買電腦等等美好遠景，以博得店家的絕對信賴。於是，在一連串設計下，終於擊潰劉禹心心防，若非二哥暗中請警方協助，否則後果不堪設想。

剖析一下歹徒的詐騙手法：首先，自稱是周老師的人，在店裡積極購物以取得店家的信任，待一段時間後便佯稱要訂一大批貨品。這「笑裡藏刀」的交談過程裡，使用了「欲擒故縱」的手段，若店家不接訂單的話，他也不勉強，藉口前往別家店購買，以減輕店家的戒心。

接著在其所開設補習班裝潢、佈置，其實是擺擺樣子，藉此博取店家信任。而補習班不僅是租來的，就連裝潢、招牌費用，甚至裡面的沙發、課桌椅，可能都沒付錢給廠商！套用三十六計來解釋歹徒的詐騙手法，這一招很明顯的就是：「借刀殺人」、「明修棧道、暗渡陳倉。」

而放在辦公室裡，不經意讓劉禹心看到的那一大疊現金，其實有兩個用意：一、讓劉禹心安心，並讓她誤以為只要在辦公室等著，周老師一定會回來拿這些錢，即所謂跑得了和尚跑不了廟。

另一個用意則是利用人性，盡量避免瓜田李下的嫌疑。錢放在辦公室，只有劉禹心看到，萬一她離開了辦公室，而錢不見了！豈不是劉禹心的嫌疑最大。

於是，周老師就利用了這個人性因素，巧妙的羈絆住劉禹心，讓她不至於跟著他的後腳出門，而發現自己將溜上車逃跑的計謀。這即是三十六計中的「李代桃僵」、「偷天換日」。

劉禹心送貨過去之後，歹徒暗地裡也正把商品搬上另一輛貨車，和周老師講電話的，並不是銀行的經理、也不是他太太，而是另一批歹徒打電話來告訴他，貨物已裝載完成，等他到來極可溜之大吉，來一招「瞞天過海」、「金蟬脫殼」。所幸邪不勝正，終究是螳螂補蟬黃雀在後，警方以逸待勞來個「甕中捉鱉」，逮捕了作姦犯科的歹徒。

對一家在訂貨、出貨和收付款方面有一套建全制度的公司而言，歹徒比較難以逞其詭計，但對小商店而言，業務員往往爲了多賺一點，而失去了原本應該堅守的流程原則。

依照正常交易程序，在要求費者支付訂金時，若是對方以任何理由推諉婉拒，店家就應該提高警覺，並斷然拒絕出貨，寧可不接訂單，也不要突然遭逢巨大損失。

有些店家往往就因爲一時疏忽，而讓畢生積蓄在一夕間幻滅成空，這點不能不謹慎小心！

騙你「鈣有效」

「老闆，健健牌的鈣有效，買兩瓶！」一位中年婦女進門就開口說道。說話的同時，就將七千元放在櫃台上。

「健健牌鈣有效，我們沒賣，妳要不要買別種牌子回去試看看。」老闆和老闆娘面面相覷對看了一下，老闆說了。

「這是有GMP的優良藥品，用過的人都說效果不錯，我自己每天早上也都會吃一粒來補充鈣質。」老闆娘拿出了另一個牌子。

那婦人把櫃台上的錢收起來。

「別種牌子的我不要，我很多朋友，她們也都說健健牌鈣有效，效果比較好，你們這家沒有賣的話，我去別家買！」說完，便轉頭出去了，絲毫不讓老闆娘有再介紹其他商品的機會。

「從昨天下午到現在，已經有五、六個客人指名要買健健牌鈣有效，那種鈣片的銷路眞的那麼好嗎？」老闆娘將剛才那瓶鈣片放回櫥窗裡，回頭對老闆說。

「開了這麼多年的西藥房，也沒看過這麼貴的鈣片，兩瓶七千元也有人要爭著買？眞是怪事！」

「你去問看看，這種鈣有效是哪一家廠商代理的，我看呀，我們店裡也進一些貨來賣，你看光是昨天到現在，就有這麼多人要來買了。」老闆娘推了一下老闆。

「健健牌，這個牌子從來也沒聽過，我要去哪裡問呢？」老闆雙手一攤。

「你做事就是這麼不積極，連那兩個小孩也開始學你了！」老闆娘有些生氣的說。

「我……我這又是招誰惹誰了呀！」一臉無辜的老闆自言自語。

晚上，一位業務員進門遞給老闆一張名片。

「老闆您好，我是健健牌的業務經理，第一次來向您拜訪，順便介紹我們公司的產品給您。」

「健健牌喔，你們公司是不是有出產一種什麼鈣片？」老闆娘喜出望外。

「老闆娘妳說的是這種鈣有效嗎？這個商品上市還不到半年呢！已經在市場造成轟動了。很多家西藥房都賣到缺貨，每天還不斷的打電話到公司催貨。」業務從樣品中拿出一瓶塑膠瓶說。

「因爲這些鈣有效都是從美國進口的，美國那邊要供應全世界的訂單，連他們也來不及應付這麼龐大的需求呢！」

「那麼公司不就沒存貨了？如果現在訂貨，大概要多久才會寄來呢！」老闆娘問。

「老闆娘你們眞的很有福氣，上個月公司派總經理親自去美國藥廠坐鎮，終於搶到了一些貨，前天公司剛剛去海關那領回來。但是數量不是很多，大家都急著要，你們如果訂太多數量，我恐怕也不能給你。」業務笑笑說。

「進貨成本價一瓶是多少？」老闆問。

「一瓶進價是二千，全省統一售價一瓶賣三千五，現在公司優惠買一箱二十四瓶，再送一瓶。利潤可說是相當不錯。同樣賣鈣片，老闆，您向客人推銷這一罐，賺的也比較多！」

「這種價格的高出一般同質產品許多，會有人要買嗎？」老闆以多年經驗問。

業務從公事包裡拿出了一份企劃書給老闆。

「這裡面有這項產品的成份及介紹，最主要的，公司將在下個月起，在各大電視頻道上，做一系列的密集廣告，也會在一些平面媒體，像報紙、雜誌、週刊，登大篇幅的廣告。目前，公司也正與一位知名的藝人接洽中，打算請他來代言。」

「第一次要進多少貨呢？票期要怎麼開！」面對這一些誘因，老闆顯然有些心動。

「我們是第一次合作，爲了展現公司的誠意，這樣吧！你這一次先進兩箱鈣有效，票期讓你們開三天後。可以的話，這附近我就不再賣第二家了，這個地區的鈣有效，全部由你們來賣。」

老闆娘非常滿意這樣的條件，進去裡面開了一張三天後兌現的支票給那業務。而那業務也將兩大箱的鈣有效搬進來給老闆，銀貨兩訖互不吃虧。

問題解析

各位看出這其中的端倪了嗎？整件事情的重點在哪裡？這真的是鈣片，來源也絕對沒問題？

從進貨的那一刻開始，問題就發生了，西藥房那兩大箱的健健牌鈣有效，始終沒有任何一個顧客再上門詢問或購買。當然，在苦等了一個月之後，仍然不見媒體有任何關於健健牌鈣有效的廣告。打了好幾次業務所留下來的電話號碼，依舊是十分親切甜美的聲音：「對不起！您所播的號碼是空號，請查明電話號碼後再撥，謝謝！」

上述的健健牌業務員，明知該店並無販售消費者所需要的商品，卻事先安排了許多「假民衆」前往西藥房指定購買某一項特定商品，導致被害人心生憧憬，認定這是一項十分暢銷的商品，進而大量進貨，然而，在店家進貨之後，商品面臨滯銷。店家的損失是業務員之使用詐術產生，若店家要提出告訴，法院會依實際情情定奪被告是犯下詐欺罪，還是背信罪。

刑法第342條規定：（背信罪）為他人處理事務，意圖為自己或第三人不法之利益，或損害本人之利益，而為違背其任務之行為，致生損害於本人之財產或其他利益者處五年以下有期徒刑、拘役或科或併科一千元以下罰金。前項之未遂犯罰之。

一本商業經營的書不只在教你怎麼賺錢，還要讓你在閱讀後，面臨大筆訂單的同時，能在睿智的判斷下，冷靜的區分，這是否是一筆正常的訂單，還是在其甜蜜的謊言背後，有個極大的陷阱，等著你跳下去。

歹徒詐騙的手段日新月異、不斷推陳出新，而且一次比一次周詳、細膩，實在讓人防不勝防。唯有平時多多提高警覺，並堅守商店基本、既定的作業流程，對於高訂量的訂單多方求證、審慎評估，才不致落入歹徒所設的圈套中。

最終回

結語

同樣開店做生意，每家商店無不期盼自己的店面能夠常保貴客盈門、財源廣進！那麼，你可曾在夜深人靜時思考過這個問題：為什麼別家的生意就是特別的好呢？

不論你是上班族，還是開店做生意的大老闆。工作的目的除了自我肯定外，就是藉由養家糊口的金錢，在有計劃的理財規劃下，累積更多的財富，實現夢想。

然而，人的一生之中，究竟要累積多少財富、擁有幾棟房屋、土地，攀升到什麼樣的職位才能功成名就、心滿意足？這問題，恐怕沒有一個標準答案。

每個人一生中所追求的目標與其理想不盡相同。有些人終其一生汲汲營營，追求的只是讓銀行的存款無限量增加，卻忽略了生命意義何在，最終淪爲金錢的奴隸，心智被永無止境的數字羈絆著。

有些人懂得善用金錢，藉由工作後所獲得的果實，爲自己帶來心靈上的快樂與成長，做金錢的主人支配金錢，而不是當金錢的僕人供金錢使喚。

金錢固然可以改善生活環境，但對於沉迷在金錢遊戲的人而言，不論他擁有了多少財產，他的心、永遠都沒有快樂的一天。

有一個發人深省的故事：有一位在沙漠旅行的旅人，無意間發現了一條沒人走過的道路。這裡滿地都是寶藏、遍地都是黃金，雖然路不好走，但只要他願意賣力的往前走去，就可以俯拾遍地的黃金與寶石。

旅人滿心歡喜地邁開步伐往前而去，因爲這裡可以撿拾的寶物實在太多了，旅人充滿喜悅心情想著：只要擁有些許的寶石，就足以讓他家人的溫飽。而當他再擁有多一點的寶石之後，就可以實現多年來的夢想。由於旅人身上能夠裝載寶石的口袋有限，於是，旅人在往前進的同時，也拋下了他認爲阻礙他撿拾寶物的累贅行李。

旅人看了包袱上寫著：「時間」，便將裝在裡面的，與親子之間互動的「時間」倒出來，裝入了寶石。他心想，現在先將它拿來裝寶石，等以後再找個機會，將與親人小孩互動的時間裝回去！

沒多久旅人心想，背上現在背的這個「健康」包袱，似乎也是個多餘的東西，現在根本用不著背這個包袱，於是他毫不考慮的將裡面的健康通通倒了出來。他又想，等我擁有了很多寶石之後，就可以用一點點的寶石，再買更多的健康。

又繼續走了一段路，旅人覺得，若是將肩膀上這個寫著「良知」包袱裡的良知倒出來，一定可以裝進更多的寶石。他又想，等以後有機會時，再慢慢將良知裝回包袱裡吧，於是旅人便將良知通通倒出來！

旅人在一步步往前的同時，他心中無窮的慾望就像一望無盡的沙漠般，看不到盡頭。此時，他已經迷失方向，不知道自己的終點在哪裡。當他稍稍喘息，想要回頭尋找時間時，才發現，與親子互動的時間，已經因爲子女長大而不存在了。當他想要找回健康時，才發現再多的寶石，也挽不回那已失去的健康。而良知呢？那僅剩的一點點良知，讓他後悔了過去所做的錯誤決定。

俗話說「生死有命、富貴在天」，人的一生要存多少錢、累積多少財富才夠？這是一個見仁見智的問題！唯一期盼的，只是希望所有的讀者，在閱讀過這本書，得到了心靈啓發、賺足了可以養家糊口的錢後，適時、適度的回饋社會，照顧社會上需要幫助的人，相信是每謂有經濟能力的人可以做的一件事。

你有一分的力量，就去幫助一個人，你有十分的力量、就去幫助十個人，當你有百分百的力量能夠去幫助上百個人時，爲什麼要吝嗇伸出這種可以幫助這些人的好機會呢！

商店裡所賺來的每一分錢都來自於社會的各個階層。沒有廣大消費者做後盾，也難以造就一個成功的商店與企業。取之於社會用之於社會，不該單單只是一句口號，當我們行有餘力去幫助別人之後，內心將會因此感到無比的欣慰！

因爲你今天有這個能力去幫助別人，代表著你不是一個貪得無厭的經營者，上天對你特別眷顧，讓你站在一個「施」的地位，而不是處於一個「受」的位置。施比受更有福，當你學會付出之後，便能夠深刻體驗到這句話眞正的含意。回饋社會幫助別人，才是商店能夠永續經營的根本之道。

要讓店裡的生意更好，商店需要努力經營！為了提升服務品質，增強專業技，能力需要經營！想要讓更多的人認識你，人脈需要經營！想要擁有一個快樂和諧的親子關係，家庭需要經營！在生涯規劃中，財富需要經營！希望常保活力應付每一天的工作，健康也需要經營！

有形的東西看得見、摸得著，會懂得去珍惜、知道去經營。但很多人對於看不見的東西，如心靈層次的成長與提升，卻往往忽略了它的重要性。

以科學的角度來審視，當你有能力去幫助別人擺脫困難時，你的心情將會感受到無比的快樂。心靈上這份充實的快樂，會在表情上自然而然流露，甚至將這喜悅的心情、燦爛的笑容，感染給每一位來店的顧客，讓每一位與你接觸的客人，都能感受到你發自內心親切、熱忱的待客之道。

有一句話說得很好：「成功的定義，不在於你超越過多少人，而在於你幫助過多少人！」我們需要常常將這句話銘記在心。人的一生中，若只想要超越別人、贏過別人，什麼事都想凌駕在別人之上，要賺得比別人多，又要比別人更高的社會地位，可以想見，這種日子不見得快樂！畢竟，在這個社會上，能力贏過自己的人實在太多了，要把每一個人都超越，不累嗎？

與其處心積慮地想要超越別人，何不將心境轉換成幫助別人，那是一種正向的付出。每幫助一個人並幫助他重新拾得人生方向，心裡所獲得的快樂，將超越你所付出。

同樣開店做生意，每家商店無不期盼自己的店面能夠常保貴客盈門財源廣進！那麼，你可曾在夜深人靜時思考過這個問題：爲什麼別家的生意就是特別的好呢？我百分百的相信，多做善事、多多主動幫助需要幫助的人，冥冥中自有回報。

所謂相由心生，懷抱著一顆慈悲與愉悅的心經營你的事業，使我們在經商這條路上，也經營自己的心靈！期許與所有的讀者共同勉勵，一起走向更順遂的未來，創造更光明的前程。

客人在哪裡？—決定你業績倍增的關鍵細節

作　　者　許泰昇

發 行 人　林敬彬
主　　編　楊安瑜
責任編輯　蔡穎如
美術編輯　翔美堂設計
封面設計　洸譜創意設計

出　　版　大都會文化事業有限公司　行政院新聞局北市業字第89號
發　　行　大都會文化事業有限公司
110臺北市信義區基隆路一段432號4樓之9
讀者服務專線：（02）27235216
讀者服務傳眞：（02）27235220
電子郵件信箱：metro@ms21.hinet.net
公司網址：www.metrobook.com.tw
郵政劃撥　14050529　大都會文化事業有限公司
出版日期　2005年12月初版一刷
定　　價　200元
ISBN　986-7651-57-X
書　　號　SUCCESS-012

First published in Taiwan in 2005 by
Metropolitan Culture Enterprise Co., Ltd.
4F-9, Double Hero Bldg., 432, Keelung Rd., Sec. 1,
Taipei 110, Taiwan
Tel:+886-2-2723-5216　Fax:+886-2-2723-5220
E-mail:metro@ms21.hinet.net
Web-site:www.metrobook.com.tw

國家圖書館出版品預行編目資料

客人在哪裡？ —決定你業績倍增的關鍵細節
/ 許泰昇 著. -- 初版. -- 臺北市 :
大都會文化, 2005[民94]
(Success ; 12)
ISBN 986-7651-57-X(平裝)
1. 創業　　2. 商店—管理
494.1　　94020778

大都會文化　總書目

■度小月系列

路邊攤賺大錢【搶錢篇】	280元
路邊攤賺大錢2【奇蹟篇】	280元
路邊攤賺大錢3【致富篇】	280元
路邊攤賺大錢4【飾品配件篇】	280元
路邊攤賺大錢5【清涼美食篇】	280元
路邊攤賺大錢6【異國美食篇】	280元
路邊攤賺大錢7【元氣早餐篇】	280元
路邊攤賺大錢8【養生進補篇】	280元
路邊攤賺大錢9【加盟篇】	280元
路邊攤賺大錢10【中部搶錢篇】	280元
路邊攤賺大錢11【賺翻篇】	280元

■DIY系列

路邊攤美食DIY	220元
嚴選台灣小吃DIY	220元
路邊攤超人氣小吃DIY	220元
路邊攤紅不讓美食DIY	220元
路邊攤流行冰品DIY	220元

■流行瘋系列

跟著偶像FUN韓假	260元
女人百分百：男人心中的最愛	180元
哈利波特魔法學院	160元
韓式愛美大作戰	240元
下一個偶像就是你	180元
芙蓉美人泡澡術	220元

■生活大師系列

遠離過敏：打造健康的居家環境	280元
兩岸用語快譯通	220元
魅力野溪溫泉大發見	260元
舞動燭光：手工蠟燭的綺麗世界	280元
雞尾酒的微醺世界：調出你的私房Lounge Bar風情	250元
這樣泡澡最健康：紓壓、排毒、瘦身三部曲	220元
台灣珍奇廟：發財開運祈福路	280元
寵愛你的肌膚：從手工香皂開始	260元
空間也需要好味道：打造天然香氛的68個妙招	260元
野外泡湯趣：魅力野溪溫泉大發見	260元

■寵物當家系列

Smart養狗寶典	380元
貓咪玩具魔法DIY：讓牠快樂起舞的55種方法	220元
漂亮寶貝在你家：寵物流行精品DIY	220元
我家有隻麝香豬：養豬完全攻略	220元
Smart養貓寶典	380元
愛犬造型魔法書：讓你的寶貝漂亮一下	260元
我的陽光‧我的寶貝：寵物真情物語	220元

■人物誌系列

現代灰姑娘	199元
台上的365天	360元
出城堡的王子	160元
克漢與維多利亞：新皇族的真實人生	280元
丹娜：流行天后的真實畫像	280元
華再現：金庸傳	260元
從海上來：張愛玲情愛傳奇	250元
下斗篷的哈利：丹尼爾‧雷德克里夫	220元
黛安娜傳	360元
優雅與狂野：威廉王子	260元
殞逝的英格蘭玫瑰	260元
幸運的孩子：布希王朝的真實故事	250元
紅塵歲月：三毛的生命戀歌	
俠骨柔情：古龍的今生今世	250元
從間諜到總統：普丁傳奇	250元

■心靈特區系列

每一片刻都是重生	220元
成功方與圓：改變一生的處世智慧	220元
課本上學不到的33條人生經驗	149元
從窮人進化到富人的29條處事智慧	149元
給大腦洗個澡	220元
轉個彎路更寬	199元
絕對管用的38條職場致勝法則	149元

■SUCCESS系列

七大狂銷戰略	220元
超級記憶術：改變一生的學習方式	199元
搞什麼行銷：152個商戰關鍵報告	220元
人脈=錢脈：改變一生的人際關係經營術	180元
搶救貧窮大作戰の48條絕對法則	220元
絕對中國製造的58個管理智慧	200元
打造一整年的好業績	200元
管理的鋼盔：商戰存活與突圍的25個必勝錦囊	200元
精明人聰明人明白人：態度決定你的成敗	200元
週一清晨的領導課	160元
搜驚・搜精・搜金：從 Google 的致富傳奇中，你學到了什麼？	199元
客人在哪裡？：決定你業績倍增的關鍵細節	200元

■都會健康館系列

秋養生：二十四節氣養生經	220元	春養生：二十四節氣養生經	220元
夏養生：二十四節氣養生經	220元	冬養生：二十四節氣養生經	220元

■CHOICE系列

入侵鹿耳門	280元	蒲公英與我：聽我說說畫	220元
入侵鹿耳門（新版）	199元	舊時月色（上輯＋下輯）	各180元

禮物書系列

印象花園 梵谷	160元	印象花園 莫內	160元
印象花園 高更	160元	印象花園 竇加	160元
印象花園 雷諾瓦	160元	印象花園 大衛	160元
象花園 畢卡索	160元	印象花園 達文西	160元
象花園 米開朗基羅	160元	印象花園 拉斐爾	160元
象花園 林布蘭特	160元	印象花園 米勒	160元
語說相思 情有獨鍾	200元		

FOCUS系列

國誠信報告	250元

■FORTH系列

印度流浪記：滌盡塵俗的心之旅	220元	胡同面孔：古都北京的人文旅行地圖	280元
尋訪失落的香格里拉	240元		

■工商管理系列

二十一世紀新工作浪潮	200元	化危機為轉機	200元
美術工作者設計生涯轉轉彎	200元	攝影工作者快門生涯轉轉彎	200元
企劃工作者動腦生涯轉轉彎	220元	電腦工作者滑鼠生涯轉轉彎	200元
打開視窗說亮話	200元	挑戰極限	320元
30分鐘行動管理百科（九本盒裝套書）	799元	文字工作者撰錢生涯轉轉彎	220元
30分鐘教你自我腦內革命	110元	30分鐘教你樹立優質形象	110元
30分鐘教你錢多事少離家近	110元	30分鐘教你創造自我價值	110元
30分鐘教你Smart解決難題	110元	30分鐘教你如何激勵部屬	110元
30分鐘教你掌握優勢談判	110元	30分鐘教你如何快速致富	110元
30分鐘教你提昇溝通技巧	110元		

■精緻生活系列

女人窺心事	120元	另類費洛蒙	180
花落	180元		

■CITY MALL系列

別懷疑！我就是馬克大夫 200元　愛情詭話 170元

唉呀！真尷尬 200元

■親子教養系列

孩童完全自救寶盒（五書+五卡+四卷錄影帶）3,490元（特價2,490元）

孩童完全自救手冊這時候你該怎麼辦（合訂本）299元

新觀念美語

EC新觀念美語教室12,450元（八本書+48卷卡帶）

可以採用下列簡便的訂購方式：

請向全國鄰近之各大書局或上大都會文化網站www.metrobook.com.tw選購。

劃撥訂購：請直接至郵局劃撥付款。

帳號：14050529

戶名：大都會文化事業有限公司

請於劃撥單背面通訊欄註明欲購書名及數量）

大都會文化 讀者服務卡

書名：客人在哪裡？——決定你業績倍增的關鍵細節

謝謝您選擇了這本書！期待您的支持與建議，讓我們能有更多聯繫與互動的機會。
日後您將可不定期收到本公司的新書資訊及特惠活動訊息。

A.您在何時購得本書：_____年_____月_____日

B.您在何處購得本書：__________書店，位於___________(市、縣)

C.您從哪裡得知本書的消息：1.□書店 2.□報章雜誌 3.□電台活動 4.□網路資訊
5.□書籤宣傳品等 6.□親友介紹 7.□書評 8.□其他____________________

D.您購買本書的動機：（可複選）1.□對主題或內容感興趣 2.□工作需要 3.□生活需要
4.□自我進修 5.□內容為流行熱門話題 6.□其他____________________

E.您最喜歡本書的（可複選）： 1.□內容題材 2.□字體大小 3.□翻譯文筆 4.□ 封面
5.□編排方式 6.□其他

F.您認為本書的封面：1.□非常出色 2.□普通 3.□毫不起眼 4.□其他______________

G.您認為本書的編排：1.□非常出色 2.□普通 3.□毫不起眼 4.□其他______________

H.您通常以哪些方式購書：(可複選)1.□逛書店 2.□書展 3.□劃撥郵購 4.□團體訂購
5.□網路購書 6.□其他______________

I.您希望我們出版哪類書籍：（可複選）
1.□旅遊 2.□流行文化 3.□生活休閒 4.□美容保養 5.□散文小品
6.□科學新知 7.□藝術音樂 8.□致富理財 9.□工商企管 10.□科幻推理
11.□史哲類 12.□勵志傳記 13.□電影小說 14.□語言學習（ 語）
15.□幽默諧趣 16.□其他____________________________

J.您對本書(系)的建議：______________________________

____

K.您對本出版社的建議：______________________________

____

讀者小檔案

姓名：__________________ 性別：□男 □女 生日：_____年_____月_____日

年齡：□20歲以下□21～30歲□31～40歲□41～50歲□51歲以上

職業：1.□學生 2.□軍公教 3.□大眾傳播 4.□ 服務業 5.□金融業 6.□製造業
7.□資訊業 8.□自由業 9.□家管 10.□退休 11.□其他 ______________

學歷：□ 國小或以下 □ 國中 □ 高中／高職 □ 大學／大專 □ 研究所以上

通訊地址 ______________________________________

電話：（H）______________（O）______________傳真：______________

行動電話：______________ E-Mail：______________________

◎謝謝您購買本書，也歡迎您加入我們的會員，請上大都會文化網站
www.metrobook.com.tw登錄您的資料， 您將會不定期收到最新圖書優惠資訊及電子報。

How Little Things
Can Make a Big Difference

客人在哪裡？

決定你**業績倍增**的關鍵細節

北區郵政管理局
登記證北台字第9125號
免貼郵票

大都會文化事業有限公司
讀者服務部收

110 台北市基隆路一段432號4樓之9

寄回這張服務卡（免貼郵票）
您可以：
◎不定期收到最新出版訊息
◎參加各項回饋優惠活動

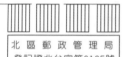

大都會文化
METROPOLITAN CULTURE

大都會文化
METROPOLITAN CULTURE